The Burning Question

燃烧的问题

[英] 迈克·伯纳斯－李 (Mike Berners-Lee)
邓肯·克拉克 (Duncan Clark) 著
张卫华 张红美 译

山西出版传媒集团
山西经济出版社

著作权合同登记：图字 04-2015-043 号

图书在版编目(CIP)数据

燃烧的问题 / (英) 迈克 · 伯纳斯-李 (Mike Berners-Lee), (英) 邓肯 · 克拉克 (Duncan Clark) 著；张卫华, 张红美译. -- 太原：山西经济出版社, 2016.6

ISBN 978-7-80767-989-9

Ⅰ. ①燃… Ⅱ. ①迈… ②邓… ③张… ④张… Ⅲ. ①全球环境－环境保护 Ⅳ. ①X21

中国版本图书馆CIP数据核字(2016)第023498号

出 品 人：孙志勇

总 策 划：张宝东 彦吴桐
责任编辑：申卓敏
特约编辑：谭思灏 蒙莹雪
装帧设计：谷亚楠 朱海英

燃烧的问题

RANSHAO DE WENTI

［英］迈克·伯纳斯-李　邓肯·克拉克 著

张卫华　张红美 译

字数 210 千字　开本 890×1240 毫米　1/32 开　印张 10.75

山西新华印业有限公司

2016 年 6 月第 1 版　　2016 年 6 月第 1 次印刷

ISBN：978-7-80767-989-9

定价：42.00 元

对本书的赞誉

《燃烧的问题》一书对造成我们目前困境的种种因素进行了精彩而详尽的论述，并为一个可持续的未来搭建了重要的框架。我强烈推荐它。气候危机是一个严峻的挑战，其复杂性是空前的。我们必须直面这一挑战，阻止气候的进一步恶化。这就要求世界各地的人们醒悟过来，行动起来。

——阿尔·戈尔　美国第45届副总统

《燃烧的问题》一书讨论的问题事关重大。政策制定者们以及广大公众，都需要参与类似这样的宏大对话。

——吉姆·汉森　美国宇航局戈达德太空研究所主任、气候学家

这是一本顺应时势的书：它提出了正确的问题，然后寻找最有效的解决之道。本书对于我们思考气候变化问题具有重要贡献。

——乔治·蒙博　作家、环保运动人士

使用化石能源早已是20世纪的过时做法了。《燃烧的问题》一书清楚地告诉我们为什么要摆脱它，怎样摆脱。更为重要的是，这本书也深入探讨了为什么我们迄今为止未能采取任何积极有效的措施。作者一针见血地指出了关键之所在，棒极了！

——蒂姆·施密特　爵士

《燃烧的问题》一书没有回避那些令人不愉快的信息，它就只是实事求是地陈述一切。更重要的是，这本书还用平实的语言娓娓道出我们该如何应对面临的挑战——不是乌托邦式的社会变迁，或者不现实的技术魔法，而是一个从系统层面考虑出的、一系列各类

措施的组合体。对于如何理解我们面临的气候挑战的复杂性，如何发展一个低碳而又具有气候韧性（climate-resilient）的社会，本书都给出了重要的答案。

——凯文·安德森　廷德尔气候变化研究中心副主任

为了不让全世界从否认气候变化问题的存在，变为对气候变化问题感到束手无策、不知该如何在不压制现代文明的情况下应对气候变化的挑战，我们需要对问题进行实事求是的评估，并提出一套积极乐观的解决方案。本书以简短而又极具说服力的叙述，在这两方面都为我们提供了很好的帮助。作者在书中提出了恰当的观点，既不同于美好未来翩然而至的乐观主义，又不同于文明即将崩溃的悲观主义，或许介于二者之间。请阅读它，分享它，并开始传播它的福音吧。

——安德伍德·兹莱克　治理和可持续发展研究所总裁

我们依靠燃烧化石燃料建起了现代工业世界。现在，我们得停止使用它们了。我们得停止开采石油和天然气，让煤炭留在地下。我们得将“碳泡沫”扎破，核销能源行业——这个世界上最大工业的一半资产，为新能源技术取代化石能源打通道路。本书是一幅了不起的宏大的画卷，它分析了迄今为止我们一直悲惨地遭遇失败的原因，并告诉我们如何在今后取得成功。

——弗雷德－皮尔斯　畅销书《最后一代》作者

气候变化是有史以来世界面临的最为困难的问题。本书的两位作者将这一复杂问题浓缩进了这本精悍而又极具可读性的书中，其内容涵盖了科学、心理学和社会学。本书既细致严谨又极为易读，是一本关于气候变化这一 21 世纪中心话题的完美入门读本。

——克里斯·古德尔　低碳技术专家

在过去，科学家们以及学术界总以冷静、温文尔雅的形象示人。但时至今日，人们已经明显感觉到他们中许多人的焦虑之情。本书向我们展示了他们焦虑的原因。证据、政策以及实践之间的差距，简直令人咋舌。本书对气候变化问题进行了合乎逻辑的分析，并就我们该做些什么——从全球政策到文化变迁——提出了建议。

——蒂姆·朗　伦敦城市大学粮食政策专业教授

本书可谓给了气候变化这枚钉子当头一锤：我们只有让世界上大多数煤炭、石油和天然气留在地下，才可能避免遭遇毁灭性的破坏。作者以极为明快的笔触将面前的事实和我们应做出的反馈一一呈现出来，读来令人津津有味。这是一本值得被广泛阅读的书。

——迈克尔·雅各布斯　英国首相气候变化特别顾问

一本关于难解决的问题的易于阅读的书。两位作者阐明了为什么气候变化是一个如此复杂的问题，并让我们明白，这个问题也还是有解决办法的。

——塞缪尔·凡克豪瑟

伦敦政治经济学院格兰瑟姆气候变化与环境研究所联席主任

The Burning Question

目录 CONTENTS

序言
PREFACE

用数字说话

如果蔓延的野火、肆虐的干旱和横扫一切的台风等现象尚不能让你信服，接下来，我将给你提供一些有关气候变化的实实在在的数字。

2012 年的 5 月是北半球有记录以来最热的月份——也是连续第 327 个气温超过 20 世纪全球平均气温的月份，单从概率的角度来看，发生这一情况的可能性仅为 1/3.7×1099——3.7×1099，这个数字远比宇宙中星星的数量还多得多。

紧随其后的 6 月打破或追平了美国第 3215 个高温纪录，而这一年刚刚过去的春天，恰好也是美国有史以来最温暖的春天——这个春天的平均气温大幅超过历史纪录，是“有记录以来平均温度偏离平均值最大的一个季节”。

就在同一周，尽管温度高达 109 华氏度，但沙特阿拉伯当局却报道称麦加居然下雨了——这应该是地球历史上降下的温度最高的暴雨了。

同年秋季，纽约地区遭到了一次前所未有的台风袭击，造成数百亿美元的损失。

当年年末，英格兰称这一年是其有史以来最潮湿的年份，而澳大利亚则进入其最为酷热的一段时期——由于气温较正常气温高出很多，该国的气象服务不得不在其温度地图上，额外加上两种颜色。

然而，各国领导人似乎并未注意到这些。为纪念 1992 年环境峰会召开 20 周年而在里约热内卢召开的会议，与当年的峰会同样毫无用处。当年，时任美国总统的乔治·赫伯特·沃克·布什专程赶去参加峰会，可这一次，美国总统贝拉克·侯赛因·奥巴马甚至都未出席。记者乔治·蒙比尔特（George Monbiot）将这次会议称作是“20 年前那次兴高采烈、信心满满的会议的幽灵再现”；没有人给予其太多关注，脚步声回响在“曾经人潮汹涌的”大厅里。鉴于我早在 1989 年就针对普通读者写了第一本关于全球气候变暖的书，并在之后的几十年中徒劳无益地试图减缓全球气候变暖的速度，因而我可以很有把握地说，在这场战斗中，我们正遭遇失败，而且败得很惨、很快——我们败下阵来，最为重要的原因是，我们依然不愿意承认，人类的文明正面临危险。

即便我们真的思考全球变暖问题，我们的论调也往往是从意识形态、神学以及经济的角度出发。其实，想要弄清楚我们面临的困境究竟有多严重，你只需做点简单的计算就可以。最近，最先由英国的金融分析师们发表的一个简单而又极具说服力的算术分析，在各类环境会议及期刊上被疯传，但尚未为广大公众所了解。这一分析颠覆了大多数有关气候变化的传统政治观念，并且，仅仅凭借3个简单的数字，就让我们知晓了我们所处的险境——我们近乎无望却又尚未最终彻底绝望的险境。

1 第一个数字：2摄氏度

如果电影以好莱坞的风格收尾，那么2009年哥本哈根气候峰会应该标志着全球应对气候变化斗争的高潮。在阴沉的12月，全球各国相关人士聚集在丹麦首都，参加这次重要的会议。一流气候经济学家尼古拉斯·斯特恩爵士（Nicholas Stern）对这次会议做出了如下评价："这是第二次世界大战以来最为重要的会议，特别是在考虑到我们面临着怎样的风险时，这样说更不为过。"而担任大会主席的丹麦能源部长康妮·赫泽高(Connie Hedegaard) 当时就直言："这次会议是我们的机会。如果错过，那可能要等到几年之后才会出现新的、更好的机会——如果说还会有这样的机会的话。"

当然，那次会议，我们最终错失良机。哥本哈根气候峰会最终一败涂地。无论是中国还是美国——二者的碳排放占到全球碳排放总量的近40%——都没准备做出大幅让步，所以整个会议毫无方向地漫游了两个礼拜，直到全球的领导人们乘专机赶来参加最后一天的会议。在毫无进展的状态之中，美国总统奥巴马发挥了重要的带头作用，起草了一份“挽回颜面”的《哥本哈根协议》（Copenhagen Accord），不过，这份协议并没有影响到多少人。它仅仅是一份志愿协议，谁也没有做出任何承诺，而且，即便有国家表达了减少碳排放的意愿，也没有制定出任何相应的执行机制。

但是，协议确实包含一个非常重要的数字。在其第一自然段，它非常正式地承认了“全球气温增加应该控制在2摄氏度以下的科学观点”。在下一自然段，协议宣称：“我们同意，全球必须大幅削减碳排放……以确保全球温度增加低于2摄氏度。”通过坚守2摄氏度（大约3.6华氏度）的底线，协议认可了2009年G8峰会，也就是所谓主要经济体论坛（Major Economies Forum）提出的减排立场。实际上，这一数字已经如传统智慧般存在多年了。早在1995年，时任德国环境部长、现任中右执政联盟总理的安杰拉·默克尔（Angela Merkel）担任气候变化会议主席时，这一数字就已经得到了关注。

让我们提供一些背景知识：迄今为止，我们已经让全球气温升高了0.8摄氏度，这一升温带来的破坏，远超大多数科学家们的预期。北极圈夏天的海冰已经消失了1/3，海洋的酸性要比此前高近30%，而且，由于暖空气较冷空气更能够储水，所以洋面上的空气要比从前潮湿5%，这一比例着实惊人，它使得发生灾难性洪水的可能性大大增加。事实上，考虑到这些严重的影响，许多科学家都认为2摄氏度的目标，可能太过仁慈了。“任何使数字高于1摄氏度的行为都是一种赌博”，麻省理工学院的台风研究领域权威专家凯瑞·伊曼纽尔（Kerry Emanuel）写道：“而且随着温度增幅不断变大，我们获胜的概率越来越不容乐观。”世界银行首席生物多样性顾问托马斯·洛夫乔伊（Thomas Lovejoy）则是这样说的：“如果温度增加0.8摄氏度，我们就已经看到了现在看到的一切，那么2摄氏度显然是太高了。”

尽管这些担忧言之有据，政治现实主义还是击败了科学数据，世界还是将目标锁定在2摄氏度上——确实，这就是人类在全球气温变化这一问题上提出的唯一目标。共有167个国家在《哥本哈根协议》上签字，认可了2摄氏度的目标，这些国家的碳排放占到全球总量的87%。只有少数一些国家反对这一协议，其中包括科威特、尼加拉瓜和委内瑞拉。就连阿联酋这样收入主要靠出口油气的国家，也在协议上签了字。在那一刻，作为一个星球，地球的官方立场就是我们不能让温度增加超过2摄氏度——这已经成为底线中的底线。

2 第二个数字：565吉吨

科学家们估计，在21世纪中期之前，在依然有很大希望将地球升温幅度控制在2摄氏度以下的前提下，人类差不多还能向大气层中排放565吉吨二氧化碳。（很大希望，这里是指有

4/5 的概率，从某种程度上说，这一概率略低于用一支 6 发的左轮手枪来玩俄罗斯轮盘赌的胜率。）

尽管这一数字并不精确，但很少有人质疑它的基本正确。它推导自过去数十年间全球气候变化过程中科学家们建立的、用计算机模拟气候变化的最为复杂的模型之一。而且，最新的气候模拟模型也进一步确认了这一数字——相关模型发布于政府间气候变化委员会（IPCC）的下一份报告之前。

“模拟结果陆续亮相，但实际上根本就没什么差别，”澳大利亚国立大气研究中心的气候学家汤姆·威格利（Tom Wigley）说，“数据库中现在可能有 40 个模型，之前则是 20 个左右。但迄今为止，得出来的结论基本上大同小异。我们只是在进行微调。我并不认为过去 10 年间发生了什么大的变化。”劳伦斯·伯克利国家实验室（Lawrence Berkeley National Laboratory）的资深气候科学家威廉·柯林斯（William Collins）对此深表认同。“我认为这一轮模拟的结果将会非常类似，”他说，“对于气候系统进一步的理解，并不会给我们带来免费午餐。”

同样，我们也不可能从全球经济中得到什么免费午餐。除了 2009 年唯一的一年稍有缓和之外，其时在金融危机正值最为严重的几年间（2009 年危机形势稍有缓和），我们一如既往地向大气排放创纪录的二氧化碳，年复一年。国际能源署（International Energy Agency，简称 IEA）的最新数据显示，全球碳排放 2011 年增加至 31.6 吉吨，较上年增幅为 3.2%。经历了一个暖冬的美国因此将更多的煤电厂转换为天然气电厂，所以其排放量稍有下降；中国经济持续繁荣，所以其碳排放（当时刚刚超过美国）增幅达到 9.3%；日本在福岛核事故之后，关闭了其所有的核电机组，但排放量也有 2.4% 的增长。“在增加可再生能源和提高能效方面，人类确实做出了努力”，英格兰廷德尔气候变化研究中心（England’s Tyndall Centre for Climate Change Research）主任科琳娜·乐凯芮（Corinne LeQuéré）说，“但这一结果表明，迄今为止，这些努力的效果尚微不足道。”事实上，无数的研究都预测，碳排放差不多以每年 3% 左右的增幅持续增长——按照这一速度，只需要 16 年的时间，我们就会把 565 吉吨的指标踩在脚下，也就是说，等到现在上学前班的孩子们高中毕业的时候，我们就会用完全部配额。“新的数据进一步证明，通向 2 摄氏度的轨迹之门将要关闭并变成一个不可能实现的目标，”国际能源署首席经济学家法迪赫 · 比罗尔（Fatih Birol）说，“事实上，仔细研究这些数据，其趋势恰好与升温 6 摄氏度的相一致。”6 摄氏度也就是 42.8 华氏度，果真如此，那么地球将直接变成科幻世界。

于是，面对新的数据，所有出席里约气候变化峰会的人都仪式性地呼吁国际社会要严阵以待，采取行动，将我们拉回到 2 摄氏度的轨迹上来。当联合国气候变化框架公约（the UN Framework Convention on Climate Change）最新一次缔约方会议（COP）于 11 月在卡塔尔召开时，类似这样的象征性呼吁再次上演。这是第18次缔约方会议（COP18），第一次缔约方会议于1995年在柏林召开，从那时到现在，十几年来几乎没有取得实质性的进展。即便是那些不愿意直言不讳的科学家们，也开始慢慢克服其仅仅提供数据的自然偏好。"近30年来，信息一直非常一致，"柯林斯苦笑道，"我们有办法，也具备相应的计算能力，可以提供更为详细的证据。如果我们选择维持现有的行为方式，就必须对科学界提供的证据进行全面的评估。"他稍作停顿，忽然意识到正在录音，"我得说，需要更为全面的评估证据。"

不过目前为止，这样的呼吁收效甚微。我们所处的境况，与1/4个世纪之前没什么两样：科学家们发出警告，但紧随其后的却是政治上的不作为。在采访过程中，那些未被录音的科学家们，对此几乎无一例外地表现出毫不掩饰的厌恶之情。一位资深科学家告诉我："你知道那些香烟的新包装吗？政府让卷烟厂在包装上印一张一个脖子上有洞的人的照片。我认为，气泵也应该有个类似的包装。"

3 第三个数字：2795吉吨

这一数字是所有数字中最可怕的一个——它是第一次使我们面临的政治维度和科学维度的两难之境交织在一起的数字。这一数字最早由碳追踪行动小组（Carbon Tracker Initiative）提出，并引起广泛关注。碳追踪行动小组是一个由伦敦金融分析师和环保主义者组成的小组，他们出版过一份报告，目的就是向投资者指出气候变化可能对其股票投资组合带来的风险。这一数字所指的是与化石能源企业，以及那些行事方法如同化石能源企业的国家（比如科威特和委内瑞拉）有关，指的是它们已经被证实持有的煤炭、石油和天然气储量中所蕴含的碳量。简而言之，它实际上就是我们目前计划使用的化石燃料中蕴含的碳量。但关键在于，2795 这个数字比 565 要高很多。整整高出 5 倍。

碳追踪行动小组对相关专有数据库进行了梳理，以期查明全球主要的能源企业究竟持有多少石油、天然气以及煤炭储量。而调查结果并不让人满意——得出的数字既不能完全反映类似页岩气等非常规能源资源近年来的快速增长情况，也没有准确反映煤炭的储量，因为对于煤炭数字的报备要求，没有石油和天然气那么严格。但是，对于一些大型的能源企业来说，这些数字还是相当准确的：比如说，如果你将俄罗斯的卢克石油和美国的埃克森-美孚化工的存量全部用完（它们是油气企业中的领头羊），那就意味着它们将各自向大气层释放 40 吉吨的二氧化碳。

正因如此，2795 吉吨这个新的数字是一个大问题。打个比方，如果说 2 摄氏度是个法定的血液酒精浓度上限——相当于 0.08% 的血液酒精浓度，低于这一水平，开车回家不会遇到麻烦，那么 565 吉吨就是在这个限度之内你可以饮酒的量——比如说，一晚上喝掉6瓶啤酒。那2795吉吨呢？它就相当于3箱12瓶装的啤酒，而且全都开盖，摆上了桌子，只等饮用了——化石能源产业能带来的碳排放，就是这个概念。

目前，我们的账户上拥有的石油、煤炭和天然气的量，是气候学家们认为我们能够安全使用的量的5倍。为了改变我们的宿命，必须让其中的80%深埋地下。然而，在我们认识到这些数字之前，这宿命很可能就已经被注定。现在，这宿命几乎无法被改变，除非我们采取大规模干预措施。

没错，从技术角度上说，这些煤炭、天然气和石油依然埋在地下。但从经济的角度来看，它们已然在地面之上——它们体现在股价之中，能源企业们以此为由大肆举债，能源出口国则以其祖产带来的预期收益制订预算。这也解释了为什么大的化石能源企业激烈斗争，极力阻止二氧化碳管制——这些储量是他们的首要资产，正是这些储量为他们带来价值。也正因如此，在过去的这些年中他们殚精竭虑，试图找到方法开采加拿大油砂中的石油，或者研究如何在深海勘探开采，甚至想办法压裂阿巴拉契亚山脉。

如果你告诉埃克森或者卢克石油说，为了避免全球气候遭遇灾难性破坏，他们不可以将其油气储量开采出来，那么这些公司的价值就会一落千丈。据摩根大通的前董事长、目前正管理着资本协会（Capital Institute）的约翰·富勒顿（John Fullerton）的计算，按照当前的市场价值，这2795吉吨的碳排放价值约27万亿美元。也就是说，如果你把科学家们的话当回事，让

80%的能源储量留在地下，意味着你将把20万亿的资产一笔勾销。当然，这一数字并不精确，但是，与碳泡沫相比，房地产泡沫简直小巫见大巫。它并不一定必然破裂——我们也许照样还是把这些碳全部用尽，果真如此，投资者们毫无疑问会乐见其成。但是，如果我们真的这么干，那么整个地球将被毁坏。你或者拥有一张健康的化石能源资产负债表，或者拥有一个相对来说健康的地球——现在，我们知道了这些数字，但看起来，似乎鱼与熊掌不可兼得。算算账：2795是565的5倍。故事的结局就是这样。

比尔·麦吉本

（本文的完整版最早刊登于《滚石》杂志。[1]）

引言

INTRODUCTION

本书的目的是从一个非常大的视角，来观察人类面临的非常大的挑战。其中多数内容与两个常常被忽视的关键信息有关。其一，避免不可接受的、灾难性的气候变化风险，意味着我们只能使用现有石油、煤炭和天然气商业储量的一半以下——而商业储量只是地下所有化石能源储量的很小一部分。这不是什么新的认识。美国国家航空和宇宙航行局（National Aeronautics and Space Administration，NASA）的科学家詹姆斯·汉森（James Hansen）和他的同事早在很多年前就首次指出了这一点。而且，就在我们写作本书之时，环境保护主义者比尔·麦吉本（Bill McKibben）就已经通过前面节选的那篇文章，将这一观点以其电光火石之势，灌输给了更为广泛的读者。这篇原载于《滚石》（Rolling Stone）杂志网站的文章如病毒般传播开来，出乎意料地成为一篇脍炙人口之作。我们的书从麦吉本煞尾的地方开篇，探讨全球化石燃料储量充裕究竟意味着什么。是谁拥有这些化石燃料？它们价值几何？我们是不是真的只能使用其中的1/5？或者，股票市场真的正处于一场“碳泡沫”之中？我们可否不使用这些燃料并将碳捕获封存？所有这些会对地缘政治构成怎样的影响？

本书的第二个重要信息是，从全球层面来看——也就是从整个系统的角度来看——许多我们以为会有助于减少化石能源使用的措施，最终被证明，其效果与常识推理的结果，并无太大差别。尽管使用清洁能源、倡导绿色行为、提高能效以及减缓人口增长速度等，都能够发挥重要作用，但它们似乎并未降低化石能源越来越快地从地下被开采出来的速度。仔细再研究一下统计数据，我们会发现人为的碳排放一直遵循着一个长期的、指数级增长的趋势，而且对社会和技术变化有着令人惊奇的适应性。人类能源使用存在一个非常强大的反馈机制，足以将明显的绿色进程彻底抵消——这就像是挤压一只气球：在一个地方取得的进展，会在另外一个地方膨胀出来。

当你将这两个信息放在一起，并将其置于最新气候变化科学的情境中来予以考量，你将有一个无法回避的发现：我们必须直面化石燃料问题。换句话说，没有什么替代方案能够迅速而从容地抑制化石燃料从地下被开采出来的速度，并阻止其在全球经济中流淌。也许有一天，新的技术和基础设施会出现，通过捕获并封存排放的碳，来让我们安全地使用全球的石油、煤炭和天然气。这样的技术还需要我们投入更多的努力，但按照现有的趋势来看，前路依然漫漫。与此同时，我们面临的选择是，要么让这个星球冒无法想象的风险，要么让价值巨大的化石能源深埋地下。

考虑到选择的艰难，以及我们暂时无力改变排放曲线的现实，妥善理解阻碍我们前行的核心障碍，就显得极为关键。在本书接下来的章节中，我们将深入分析我们无动于衷背后的经济、心理、文化以及政治等深层次原因。我们也会向读者展示与石油、煤炭以及天然气储量密切相关的巨大财富，是如何阻碍了政治进程，又是如何让种种分析笼上阴影的。化石能源一直以来都被视为最大、最赚钱的产业，当下，这一产业不仅抵制削减碳排放，更有甚者，还致力于尽可能快速地增加储量和市场。世界必须向这一产业以及它的投资者们发出一个响亮和清晰的声音：住手！

但是，将所有这些板子都打在化石能源企业的屁股上，恐怕不是一个很好的办法，因为还有其他许多障碍需要克服。我们研究了全世界在交通工具、发电厂，以及其他需要依靠化石能源才能运行的基础设施上投入重金的速度；研究了政策制定者们面对任何可能推高能源价格的举措时犹豫不决的心态；并且，也许最为重要的是，研究了妨碍我们在眼下的威胁面前幡然醒悟的种种社会和心理特点。

尽管化石能源是气候变化最关键的驱动因素，人类实际上也通过释放一系列其他温室气体和颗粒，让大气层饱受摧残。这些温室气体和颗粒，很多来自农业和森林砍伐。我们试图分析，究竟需要采取怎样的快速行动，才能提高解决气候变化问题的成功率，为我们控制化石能源赢得一点时间。在接下来的几十年里，以何种方式管理全球的土地，不仅对解决全球日益增长的粮食需求问题至关重要，对碳排放、碳捕获、保护生物多样性，甚至对以负责任的方式，释放出一些土地用于能源生产，也同样非常重要。

最后，我们大致列举了一下我们认为应该采取的措施。我们认为，解决问题，需要全球政治领域做出更大的努力，需要更为热情的推动，以及更加聪明地运用技术。而且，各种措施之间要形成支撑和协同效应。我们希望全球的人们，都要从几十年的沉睡中警醒起来，共同面对这一致命的挑战。并且，我们也寄希望于领导力（迄今为止，在解决这个问题上，领导力常常无法发挥应有的作用），我们还阐述了每个人该如何做出自己的贡献。

有关气候变化的一些真实情况确实令人深感不安，但本书意在简明扼要地阐明问题，所以我们没有粉饰太平，没有为了让读者阅读时愉快一点而刻意将问题的严重性轻描淡写。但是，我们也同样没有强颜欢笑，假装乐观，所以，如果在阅读过程中，您看到了积极的火花，那也是真实的。

关于注释的简单说明

毫无疑问，气候变化问题是有史以来最为多层次、最令人着迷的问题——它是金钱和权力、科学与政治、技术和人类的思维等综合在一起的一场完美风暴。为了应对如此之多的各种因素，并将这些不同的点串联起来，我们不折不扣地从一个大的视角切入，因为倘若过于关注细节，就会丢失核心视角。所以，如果你想了解与气候变化相关的经济学、政治学或心理学方面的论述或观点，或者你想了解有关替代能源资源方面的信息，那么你应该去其他地方找找看。我想，本书最后的注释就会是一个非常不错的起点。这些注释本身就值得一读。注释中不仅包括了对本书内容的进一步讨论，还包含了其他资源和建议阅读的材料的链接。除了附在书末，我们也将这些注释贴到了网上，同样被放在网上的还有我们使用过的一些关键数据资料，网址是 **burningquestion.info**。读者们可以通过该网站与我们取得联系，与我们分享阅读体会和想法。

第一部分　资源丰富带来的问题

A problem of abundance

为什么不能用完世界所有的石油、煤炭和天然气？

第一章 曲线

一个多世纪以来，化石燃料的使用和污染物排放，都呈指数级增长。

在塑造人类历史方面，没有什么比我们对能源的使用更为有力。正是来自太阳的能量，为地球创造了万物生长的条件；正是对于食物提供的能量的竞争，决定了进化过程中的赢家和输家；也正是火提供的能量，使得早期人类能够将食物煮熟，从而极大地丰富了人类的食谱，让亟须能量的大脑更为发达。[1]而更大的脑容量最终促进了农业的发展——农业是一种非常系统化地利用太阳能的方式——而农业的发展，反过来让人类摆脱了游牧这一生活方式带来的局限性，使永久定居的生活方式日渐盛行。

在村庄和城镇，人口繁荣发展，知识也同样急剧增长。更大规模的人口，更多的新想法，解锁了更丰富的能源来源。被驯化的动物拖拽犁铧，开挖灌溉水渠，让我们能够开垦更多的土地。森林——本质而言是储存太阳能的蓄水池——遭到砍伐，最开始是被用来作为柴火和建筑材料，后来则被用于生产木炭——木炭是一种更高形式的能源，其燃烧能够达到极高的温度，足以将铜和铁溶化，让人类先后进入了青铜时代和黑铁时代。更好的原材料带来更好的工具和技术，进而解锁了更多类型的能源。磨坊开启了人类利用水力的先河，人们使用水力研磨谷物、驱动机械锤子，甚至织布。风能也被加以利用，不仅仅被用来为磨坊提供动力，还被用于驱动帆船，从而开始了远距离的物品和知识交换——当然也包括能源方面。

更多的能源，更多的技术，更多的人口，更多的能源，这一古老的回路是促成人类主宰地球的引擎。从最一开始，它就对环境带来副作用。随着人类的数量不断膨胀，我们的狩猎活动让很多物种走向灭绝。当我们为了获取水力而建起拦河大坝时，洄游的鱼类就被置于死地。但在人类历史的多数时间里，地球可以很好地应对这群智力最发达、对能源最饕餮的居民实行的疯狂杀戮。直到18世纪，人们开始大量获取化石能源，形势才开始发生变化。燃烧木头让我们能够释放树木在数年、数十年或者数百年间吸收的太阳能，而化石燃料里则蕴藏了媲美千百万年太阳光的能量。这些能量储存在碳基分子之中，在厌氧状态下，在一层层沉积物的覆盖下，远古的植物遭到分解并形成令人难以置信的能量密集的固体、液体和气体：也就是我们通常所说的煤炭、原油和天然气。

很早之前，人类就开始小规模地使用化石燃料。早在古希腊、罗马人统治英国时期（Roman Britain）、阿兹特克墨西哥时期（Aztec Mexico），以及帝国时期的中国，煤炭就被用于燃烧。不过在马可·波罗（Marco Polo）眼里，煤炭仍然是新鲜事物，他于13世纪前往中国，并用好奇的笔触这样描述煤炭："一种一层层赋存于山体之中的黑色石头，……烧起来像柴火。"[2]化石燃料之所以在相当长的一段时间内不为人知，主要是因为它们多数深埋在地下。找到它们实为不易，开采它们更是困难重重。

蒸汽机解决了这一问题。它利用煤炭惊人的能量将煤矿深井中的水抽出，从而可以开采更多的煤炭，进而驱动更多的蒸汽机。最先是在英国，继而在欧洲、日本，然后在世界其他地方，能源—社会反馈回路进入超速转动的状态。煤炭使铁路、蒸汽轮船、冶炼高炉、砖窑和金属熔炉成倍增长。它增加了各类商品和材料的供应，促进了从制药到显微镜检查等各领域技术的快速进步。正如政治经济学家威廉·斯坦利·杰文斯（William Stanley Jevons）在1865年曾经写过的那样，煤炭提供的能量已经成为"无所不在的援手……我们做任何事情都离不开的因素"。[3]这些还都是发生在电力工业到来之前的事情。正是煤炭使得电力从一个科学探究的新奇领域，摇身一变而成为重要的新兴产业，而电力则又为人类带来了无数使用能源的新方法。

重要的是，煤炭并未替代现存的其他能源来源，它只是在其之外成为一种新的增量。尽管工业规模的煤炭开采在世界范围内逐渐普及，全球对于树木以及其他形式的“生物质能”的使用几乎没有改变。随后，煤炭的使用量持续增长，其液态的表兄弟——原油，也在20世纪早期成为重要能源。伴随着石油到来的是机动运输，而机动运输则进一步增加了能源的消耗，它使我们能够以更快的速度移动，与距离更遥远的地方的人们开展贸易，可以分散居住到郊区。进而，住宅的数量和面积都不断增加，对建筑材料、家具、取暖以及电力的需求也不断增加。而所有这些都需要更多的能源方能支持。食物的生产也因为石油而彻底改变；石油驱动拖拉机、大卡车，以及能够实时处理捕获的渔产品的船队；以石油为原料生产的合成化纤产品替代棉花、羊毛和木材；同时石油也缓解了农田的压力。由于农业对体力劳动的需求减少，更多的劳动力转移到了工厂，这些工厂不仅直接消耗能源，而且生产大量的汽车、灯泡以及收音机等产品，而这些产品则需要依靠能源方能运转。

第二次世界大战以后，当全球原油和煤炭的使用持续增长时，第三种化石能源——天然气，也开始不断放量增长。天然气直接推动了能源供应的增长，提升了电力生产，并为锅炉和灶具提供燃料。天然气的使用让全球人口规模持续扩张成为可能，从而进一步推升了其他类型能源的需求。20世纪50年代，全球人口数量逼近30亿，却没有发生食品生产的灾难性危机，这很大程度上要归功于以天然气为原料大规模生产的氮肥。而随着人口迅速增长，能源需求也随之增长。

更多的能源，更多的技术，更多的人口，更多的能源。整个20世纪，随着假日乘飞机出行，汽车、洗衣机以及中央采暖系统等在富裕国家成为一种常态，这一回路持续循环。随着数量可观的大容量水电站和核电站建成投运，能源供应也在持续增长。但人类的能源需求却没有表现出任何触顶达峰的迹象，所以化石燃料的使用也就随之持续增长。社会生产出了更多的各式各样的产品，找到了新的使用能源的方式——从室内空调、太空旅行到肾透析机，当然，还有电脑。而电脑也最终被证明在勘探更多的化石燃料储量、开发开采工具方面极为有用。

能源使用的快速增长，对地球的影响极不寻常。今天，我们拥有70多亿人口，年消耗5×1020焦耳的能量，相当于我们每个男人、女人和孩子都有超过一百名全职的仆人为我们从事体力劳动。[4]在如此庞大的能源奴隶大军的支援下，我们已经从根本上改变了我们赖以生存的星球。科学家们正在考虑是否要正式宣布全新世地质时代（the Holocene Geological Era）的终结，承认我们现在已经进入“人类世”（the Anthropocene），也就是人类的时代。有高达40%的地球陆地面积已被用于开垦或放牧，大多数大型河流上都建起了大坝，以便于利用河水进行灌溉、洗涤，或直接饮用。而从太空鸟瞰地球，拜数十亿灯泡所赐，即便最黯淡的角落也绽放着光芒，清晰可见。

不过直到现在，我们依旧无法用眼睛看到人类的能源使用对地球带来的最大的影响。我们的燃料、耕作一直以来都在重构着大气层——原本存在于森林、煤炭、石油和天然气中的碳元素，在我们使用能源的过程中，被大规模释放到大气中。19 世纪的物理学家们提出这样的理论：所有这些额外的碳（以二氧化碳的形式）将会使地球变暖，其机理在于将原本应该散逸到太空中的热量，封存于地球大气层中。数十年来，这一科学理论逐渐得到论证，尽管没有人知道其结果究竟是好还是坏，但更少有人关注并思考放弃将人类推升至当前高度的化石能源的可能性。所以，能源—社会这一反馈回路持续循环，而人类活动排放的二氧化碳则持续攀升。

然而，仅仅聚焦于数个世纪以来，人类活动导致的碳排放持续攀升并不能全面反映问题的严重性。实际上，碳排放攀升的方式非常明显：那便是以指数级的速度。

碳排放曲线

指数曲线有其独特的属性。曲线上的任何一点，其斜率都与其高度成正比。不但如此，增长的速度与斜率也成正比。[5] 换句话来说，在指数曲线的情况下，你拥有某种东西越多，其增长的速度也越快。当正反馈发挥作用的时候，指数便经常出现。只要有足够的食物供给，一个罐子里的昆虫的数量就遵循指数级曲线增长，因为昆虫越多，则其繁殖的速度越快。信用卡欠账也会以指数级增长，因为你需要为利息支付利息，利滚利，越滚越多。但指数曲线不可能永远持续下去。曲线将变得越来越陡峭，直到最终某些调整措施的出现。有时候，曲线会因为无以为继而崩溃，就好比罐子里的昆虫，当食物耗尽，昆虫的数量自然无法持续增加，或者如同信用卡欠账，一旦宣布破产，那么账单便不可能继续暴增。有时候，曲线的增长会变得比较温和——比如在过去数十年间（尤其是最近几十年），全球人口增长速度就逐渐放慢至一个相对稳定的水平。总之，指数曲线不可能永远持续下去。

尽管曲线在延伸过程中有波动，但从长期来看，正如图 1-1 所显示的那样，全球碳排放呈指数级曲线增长的形势极为可怕。最明显的碳排放增长放慢出现在 20 世纪上半叶。具体原因，究竟是因为两次世界大战，或者是大萧条（the Great Depression），还是全球能源供给相对于需求出现紧张态势，目前尚无定论。但碳曲线在 20 世纪 50 年代很快又回归到之前的增长轨迹上，其中既有多个巨型油田投入生产的原因，也有全球人口在此期间经历一轮快速增长的原因。可以说，20 世纪 60 年代是挥霍能源的时代，排放一度超过长期增长趋势曲线，之后的 70 年代和 90 年代，随着油价快速增长，虽然增幅有所减少，但最终在新千年到来之际，再次回归到了原有增长轨迹。

考虑到绿色峰会不断，以及混合动力汽车、节能灯泡等事物的大量出现，或许人们禁不住会猜想，过去 10 年全球碳曲线稍有缓和。尽管从统计学上来说，聚焦几年的数据并无意义，但这

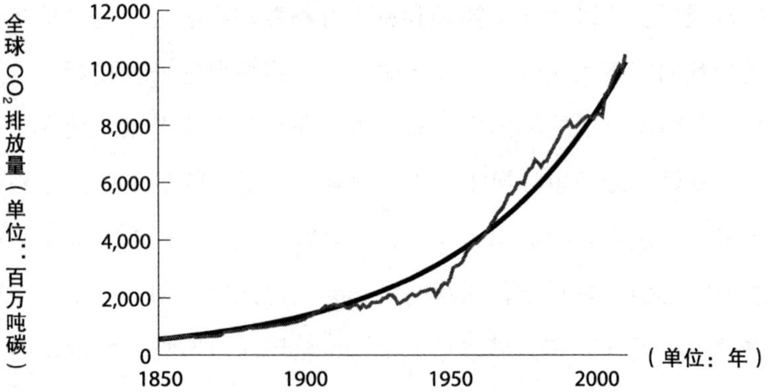

图 1–1 1850~2000 年全球 co_2 排放量曲线图

注：年度主要 CO_2 排放源，包括化石燃料的使用、水泥生产、森林砍伐和土地用途变更等。此图按指数曲线拟合。二氧化碳排放量与指数曲线的高度相关性研究，最先由兰卡斯特大学（Lancaster University）的安德鲁·贾维斯（Andrew Jarvis）和其同事开展。[6]

些数据依然值得我们给予关注。过去 10 年的情况与人们的猜想恰恰相反，碳排放的增长曲线，不在长期趋势线的下方，而是上方。从 2000 年到 2010 年，源自所有人为来源的碳排放，年均增速约为 2.3%，超过长期增长趋势 1.8% 这个数字。倘若不是因为对森林砍伐有所控制，数字将更加难看（如图 1-2）。过去 10 年，来自化石燃料的排放年度增幅达到 3%，堪称巨大，且到 2011 年依然如此——这是本书在写作过程中所能获得的最新的可靠数据。[7]

全球碳排放曲线呈指数级持续增长的特性，与社会的能源利用被一种超强的正反馈机制所驱动这一观点极为相符。而且，这也让迄今为止在全球范围内采取的应对气候变化的行动，无一带

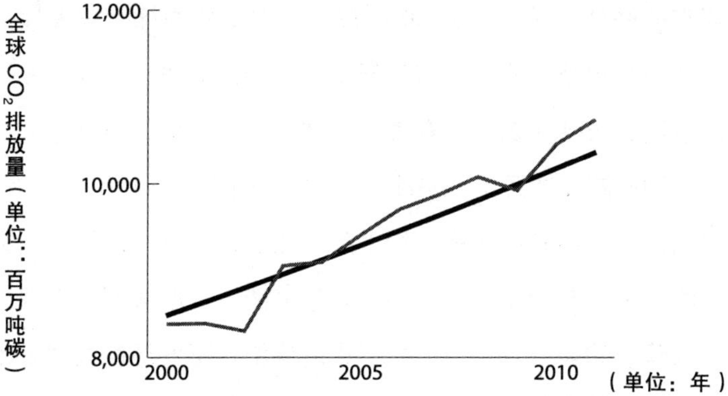

图 1-2　2000~2010 年全球 co_2 排放量曲线图

注：同一图表 2000 年以来年份的放大图。在此期间，全球平均碳排放增幅约 2.3%——较长期增长趋势 1.8% 的数字要高（含森林砍伐及水泥生产等一些预估排放）。

来哪怕丝毫的改变。理论上来说，如果没有能效提升，没有企业社会责任报告，没有社区行动团体，没有全球峰会等，排放量很有可能变得更高：也就是说，我们完全有可能偏离长期曲线更多。这将需要一些偶合因素，但并非完全不可能。与此同时，我们也可以认为，所有这些努力已经成功为未来全球减排打下了基础。但令人沮丧的现实是，从图表中我们看不到一丝进展。

有趣的是，上述简单而又可预测的全球排放趋势却掩盖了排放来源不断变迁的图景。160 年前，主宰人类碳足迹的是森林的毁坏，但与紧随其后的煤炭的使用，以及再之后的煤炭、石油以及天然气的使用所带来的碳排放相比，则相形见绌。不过，一个罕有的好消息是，过去20年来，砍伐森林的行为被大幅抑制，其带来的碳排放的绝对值降低了。但碳排放曲线却继续按原有轨迹推进，仿佛什么也没有发生一样。与此类似，乍看起来，富裕国家的能源反馈回路似乎终结了，这些国家的能源使用和排放（有些国家的人口）现在都开始下降。然而，全球排放呈现指数级增长的趋势依然未受任何影响。看起来碳排放曲线似乎表现出一种自我管理的能力，有点类似于人的体温，不管环境温度发生了什么变化，体温始终保持恒定。我们将在第二章更深入地讨论这一话题。

这一曲线韧劲十足，一个10年接着一个10年，从战争、萧条时期的低速，反弹至原有轨迹，也无视没完没了的技术革命。这一特性告诉了我们很多我们将面临的挑战：我们不仅面临着让众所周知的油罐车减速的挑战，实际上，我们是在其增速较以往更快的情况下使其减速——越是获得能源就越是需要更多能源，这一深潜其中的动力机制，似乎驱动着这辆油罐车不断加速。

但是，正如我们所看到的，指数曲线不可能永远持续下去，我们的碳排放曲线也不例外，只需要几个粗略的计算即一目了然。比如说，如果我们维持现有轨迹600年，碳排放量将会急速攀升，我们一年燃烧的燃料，就会耗尽大气层中现有的所有氧气，连我们呼吸的氧气也不剩下。[8]所以，我们可以有把握地说，不管我们是否情愿，我们将会在公元2600年前脱离这一曲线。实际上，远不需要那么久的时间，化石燃料就会被消耗殆尽。第三章将盘点世界上究竟有多少石油、煤炭和天然气资源。根据其总量判断，如果现有的碳曲线持续不变，我们将很可能在一个世纪左右的时间内，耗尽所有这些资源——包括所有尚未完全摸清楚的非传统燃料来源，比如油砂、页岩气等。

换句话说，碳排放曲线并不一定拥有那么久远的生命力。尽管它已经持续运行了数百年，但它很可能不会再次持续运行数百年——即便我们不在乎气候变化。所以，我们面对的第一个真正的大问题是，我们是否可以任由曲线以其“自然的”路径发展，直到最终，随着化石燃料变得越来越稀缺、越来越昂贵，其他能源取而代之，导致曲线无法持续而崩溃，或者趋平？或者，我们需要予以干预，促使其快速变得平稳？答案主要取决于两个其他问题。其一是，如果放任不管，我们究竟会多快陷入麻烦？其二是，我们剩下多少化石燃料方能与此相契合？

第二章 朝着麻烦急进

在实现全球2摄氏度温控目标的过程中，为何险象环生而又挑战重重？

在探讨碳排放曲线为何总是让我们束手无策，以及需要怎样才能将其驯服之前，让我们先稍作停顿，确认一下，碳排放量的增加是否真的是件了不得的事。对于人类来说，全球变暖是否真的是一个极大的威胁？果真如此，这将是怎样的一种威胁？如果我们找不到减排的办法会怎样？全球变暖那么一丁点儿，真的就一定是件坏事吗？

人类活动产生的二氧化碳和其他温室气体会导致全球变暖，我们将这句话视为毋庸置疑的真理。但许多人则对这一观点持排斥态度，这当中存在着部分心理和政治层面的原因，为避免现在跑题，这一点我们将在后面的章节探讨。但是持怀疑态度的人应该注意到，地球正迅速地升温，而罪魁祸首主要是人类活动导致的碳排放，对于这一点，世界上的科学研究机构无一例外都表示认同。[1]

这里，让我们极其简单地说说致使气候变暖的几个核心事实。早在 19 世纪，基础物理学就已阐明空气中多余的温室气体会让地球变暖，一直以来，我们都向大气中释放这些气体，使它们在大气层中大量积聚，而地球则如同物理学推演的那样做出反应，也就是变暖。除此之外，再没有其他合理的解释了。

为了防止仍然有人对全球日趋变暖的事实存在疑问，我想告诉大家的是，就在我们写作此书的过程中，美国国家气候资料中心（the US Government's National Climate Data Center）宣布，2013 年 1 月是全球连续第 335 个气温超出 20 世纪相应月份平均气温水平的月份[2]。最近一个气温低于 20 世纪相应月份平均气温水平的月份是 1985 年 2 月，也是美国总统罗纳德 · 里根 (Ronald Regan）开启他第二任期的那个月，是米哈伊尔 · 戈尔巴乔夫 (Mikhail Gorbachev) 成为苏共总书记的那个月。一些人辩称气温记录一定出了问题，但是气温屡创新高是有一系列佐证的，比如冰川和海冰消融，植物生长季节和野生动物迁徙规律变化，海平面上升以及空气湿度增加，等等[3]。

正如气候怀疑论者经常（而又正确地）指出的那样，作为一种自然进程和周期，世界气候此前也经历过变化。几万年前，巨大的冰层曾覆盖了欧洲、亚洲和北美洲的大部分地区。而在地球的早期岁月，其温度非常之高，以至于所有的水均以气态形式存在。10亿年的时间也未能让气态的水冷却下来形成海洋。未来，气候还会不可避免地发生变化：在数十亿年内，太阳会不断演化、升温，其温度届时将变得足够高，使太阳系的可居住地带（Goldilocks Zone）——即温度适合生命存续的地带——从地球转移至火星（火星距离太阳更远）。在其后的五六十亿年里，我们的太阳会逐渐成为一个红色的巨人，在此过程中，地球将变得异常酷热。届时，地球上的生物将与我们全然不同，就像我们与细菌全然不同一样。[4]不过，一个简单的事实是，人类文明正是在一个气候相对稳定的短期内得到了繁荣发展。但引人关心的是，我们可能正威胁到这种稳定性——地球气候变化史方面的专家们也发出类似警告。

然而，没有人说气候变化科学已经研究得足够透彻了。恰恰相反，正如研究气候变化的科学家们乐于承认的那样，这一科学在每一个环节都还存在不确定性。我们尚未确切地知道，我们未来的碳排放将使地球在多大程度上变暖；不知道地球如果变暖，气候会相应发生怎样的变化；也不知道人类社会、野生动植物该如何做出反应；更不知道气候变化达到一个临界点时，地球是否会呈现出一个与当前这个人类社会赖以生息繁衍的地球完全不同的状态。带着这么多的未知，我们禁不住闭上双眼，祈祷万事如意。一个更加明智的做法是，首先准确地评估风险，再审查有效事实，最后决定承受多大风险。

气候影响：好处、坏处及怪兽

迄今为止，也就是人类对化石能源的使用从工业革命时期开始至今的一到两个世纪，我们已经让地球的温度升高了 0.75 摄氏度左右。[5] 尽管陆地的升温要更高一些，但对于我们每个个人来说，这点温差几乎无法感受到。一天之内的温差远超上述变化的好多倍，人类仍旧可以适应，所以在目前看来，这种幅度的升温似乎并非什么大不了的问题。确实，那些生活在寒带地区的人多数时候都盼望着温暖的天气。寒冷不仅让人感到不舒服，还会带来一大笔开销，因为一年中他们有半年时间需要启动暖气来取暖。因此，有些经济学家认为，全球气候稍稍变暖一点儿是件好事，他们甚至计算了全球气候变暖给位于寒带地区的国家带来的收益（比如，会有更少的人因为冬天的寒冷而丧生），并认为这些收益要远远超过给热带地区国家带来的风险和不便。[6] 另外，气候小幅上升还有可能带来其他好处。有些研究表明，全球的农业产量将会有所增长，因为温带地区的植物生长期将有所延长。而且，由于二氧化碳本身有利于植物生长，所以空气中的二氧化碳含量升高也会产生一定的施肥效应。[7]

更引人注目的是，通过稍稍增加地球温度，我们很有可能已经推迟了下一个冰纪的到来。最近发表在《自然地球科学》杂志（Nature Geoscience）上的一项研究就详细考察了之前的间冰期的情况，并得出这样的结论：如果大气层中二氧化碳集聚量维持低位，那么下一个冰期随时都有可能到来，但是，人类活动提升了大气层中二氧化碳的集聚量，“预计没有任何冰期开启的可能。”[8]

然而，令人担心的是，我们见到的小幅温度上升就已经造成了很大规模的影响。变化在北极地区尤其明显，那儿的温度升幅最大，而且夏季的冰层崩塌比多数专家预期的快很多——差不多要比几十年前的观察结果快将近一半。同时，小幅升温的影响也已经遍及世界各地。越来越多的证据表明，温度升高大幅增加了各种极端气候发生的可能性。最近的分析（有些分析通过模型进行，有些则通过研究历史记录进行）表明，灾害性天气，比如2003年让好几万人丢掉性命的席卷欧洲的热浪；2010年俄罗斯的野火；2011年德克萨斯的干旱……类似这样的情况会因为我们的碳排放而更容易出现，其可能性是以往的好几倍。[9]〔牛津大学教授迈尔斯·艾伦（Myles Allen）喜欢谈论“累积气候筹码”，并且他指出，如果你将掷出六点的筹码翻倍，这可能代表的是非常多雨的一天；如果你为掷出两个六点投注四倍，这则可能代表着一次重大的洪灾。〕海平面也在缓慢爬升，生态学家们也强调说地球的生态系统对于温度的哪怕微小的变化也会极其敏感。同样严重的是，我们排放的大量二氧化碳都被海洋吸收，进而导致海水的酸性快速攀升，给一些重要的海洋生物，比如珊瑚礁等带来难以量化的风险。

所有这些影响都不是小儿科，但如果结果仅限于此，我们很可能会选择接受它们。仅有很少的“生态斗士”会说“全面再造我们的能源系统”这类的话，或者重新思考经济优先的政策。不幸的是，这些远不是终点。恰恰相反，它们还只是开始。

迄今为止，我们还没有见到碳排放带来的全部影响。由于海洋能够储存大量能量，我们的碳排放对于气温的影响，需要几十年才能全面显现出来。科学家们估计，由于地球反应的滞后性，我们可能已经把足以使全球温度再推升 0.5 摄氏度的热量储存在海洋之中。即便我们明天就将所有的汽车、工厂、笔记本电脑等全部关掉，不使用一块煤、一滴石油，这 0.5 摄氏度也足以使地球温度较工业革命之前的水平再上升 1.4 摄氏度。[10] 我们今天排放的任何二氧化碳——记住碳排放曲线依然加速向上——都将进一步提升这一增幅。

而当我们面向未来，不确定性则进一步增加。升温 1.4 摄氏度会怎样？ 2 摄氏度呢？或者 4 摄氏度？或者 6 摄氏度？没有人真正知道这些问题的答案。但有很多科学家耗费了数十年时间进行研究，并对过去、现在以及未来的气候情况进行建模，以便做出有据可依的预测。他们的研究清楚地表明，有两类不同的风险。一类是任何程度的气温上升都会带来相应的问题，比如海平面升高，或者特定区域内极端降雨天气发生的次数将会增加 10% 等。

大量的科学研究表明，基于现有的排放趋势，在接下来几十年中，我们几乎肯定会遇到类似的影响。包括灾难性的热浪、干旱以及洪涝灾害的次数增加，缺水情况增多，更多的物种灭绝，更强大的台风，等等。（毫无疑问，还有许多不那么明显的影响。例子可能有无数个，仅举其中之一，最近的一项研究预测就认为，对于气候极为敏感、深受全球咖啡爱好者钟爱的阿拉伯咖啡树，可能会遭遇灭顶之灾。[11]）

所有这些都值得人们关注，但第二种类型的风险则更加令人担忧。也就是任何程度的温度提升，都有可能足以触及气候变暖的临界点，一旦达到这一临界点，正反馈回路将形成闭环，储存在土壤里、森林里的温室气体将被一股脑儿地倾泻进入大气层，进而加速全球变暖的进程，直到地球的整个系统进入一种全新的状态，而这种全新状态，可能会极不适合人类生存。我们知道，这些正反馈机制确实存在，而且我们知道其中一些反馈机制已经在发挥作用。比如说，越来越多源自北极融化的冻土内的二氧化碳和甲烷开始逸进大气层，而海上浮冰的融化则降低了地球表面的反射能力，导致更多阳光的热量被地球表面吸收。我们还知道，地球的气候曾经经历过这样快速的变化。

我们不知道的是，地球究竟要变得多热，所有这些反馈机制才会整体失控，使人类完全不可能再掌控气候变化，让地球进入一个万劫不复、日趋变暖的未来。气候变化活动人士常常将这样的情景描述为“失控的气候变化”（runaway climate change），或者“灾难性的全球变暖”（catastrophic global warming）。而科学家们有时候倾向于用更加不带感情色彩的表达方式，比如说“大范围断点”（large-scale discontinuities）。富有传奇色彩的海洋学家华莱士·布洛克（Wallace Broecker）使用了“气候怪兽”（climate beast）这个极形象的表述，或许这一表述更好地抓住了问题的实质。在他看来，气候怪兽经历了漫长的沉睡，这让人类文明拥有足够的时间繁荣发展。但现在，它被“一根尖利的棍子用力地刺着”。[12] 怪兽何时会醒来？没有人说得准。它醒来会怎样？我们也无法确切地知道。但是，非常可能的是，它将直接导致全球食物生产的崩溃，以及地球上许多甚至多数植物和动物物种的灭绝。大片的土地将会葬身水底，随之而来的是许多大城市也会沉入水下。这一切需要多长时间？我们不知道。最糟糕的情况是否会发生？我们也无法确切地知道。

考虑到存在如此之多的不确定性，应对气候变化最终是跟风险斗戏法。决定允许地球温度升高多少再采取措施，意味着从全球的角度来看，我们准备接受多少负面的后果；意味着我们允许失控的气候灾难发生的机会有多大。当然，我们究竟如何摆弄这些风险，与许多其他因素密切相关，比如停止使用化石燃料究竟有多困难、有多昂贵；与当下相比，我们究竟有多看重未来；以及我们对子孙后代们利用现有表现欠佳的技术手段，来解决我们未能解决的问题抱多大希望。

多热才是太热了?

在花费20年时间评估气候变化的风险，权衡采取行动或按兵不动的相对成本之后，在2009年哥本哈根世界气候大会上，全球领导人们最终同意，全球气温在工业化前的水平上升高2摄氏度是一条全球社会不可踩踏的红线。[13]正如我们后面将会看到的，同意这一目标的政策制定者们迄今为止尚未采取任何措施以确保这一目标的实现，但至少他们设定了一个目标。2摄氏度这一阀值并未获得全面认可：海平面较低的岛国们声称目标不够激进，他们认为应该将全球气温升幅控制在1.5摄氏度，否则，尽管气候变化本身可能不至于完全失控，他们的领土也将很可能被海水吞噬。但是，将“防护栏”设在2摄氏度是因为这一水平的气温升幅将很可能带来可控的后果（尽管这一后果可能依旧非常严重），同时能够让气候变化失控的机会处于一个较低的水平上。这一假设由联合国政府间气候变化委员会（IPCC）于2001年在其出版的风险评估报告中予以公开。

时间上不太凑巧的是，就在哥本哈根气候大会召开的同一年，一个由科学家组成的小组发表了一份评论，并对IPCC的风险评估报告作了更新。他们对形势的判断比IPCC要严峻得多。该小组认为，仅仅1摄氏度的升温，其危险程度就与2001年考虑的2摄氏度相当；而谈到全球气候变暖失控这一问题，升温2摄氏度已经与之前以为的升温4摄氏度同样危险。[14]美国国家航空和航天管理局（NASA）的资深气候学家吉姆·汉森（Jim Hansen）甚至更进一步，他将允许地球温度升高 2 摄氏度的想法称为一剂“灾难处方”(prescription for disaster)，他认为这一目标太过马虎，根本不足以保护我们躲过气候变化的“临界点”。[15]

以上这些，以及其他一些气候科学领域的最新研究成果（比如，一篇 2012 年发表的论文就指出，最让人感到担心的气候变化模型，恰恰被证明在预测湿度变化方面是最精确的[16]）让我们意识到两个令人不安的情况。首先，我们已经决心要为之努力的气候变暖的控制目标，究其本身而言，似乎很可能给地球生态系统以及人类带来一些非常严重的后果。其次，无论是从一些具体的“可预测的”风险的角度来看，还是说得更贴切一些，从迈过气候变化“临界点”的机会大小的角度来看，2 摄氏度这一目标，似乎远比之前想象的要危险得多。

尽管具体情况难以预测，但是如果升温超过 2 摄氏度，未来的图景将可能变得更加糟糕。等达到 4 摄氏度，模型将存在极大的不确定性，潜在的影响会“十分可怕”（借用通常情况下较为保守的英国气象局的措辞）。他们分析认为这些影响包括，到 2080 年，也就是今天尚处幼年的孩子们差不多到了退休年龄的时候，全球粮食产量将大幅下降，用水将面临巨大压力，全球的动植物物种将面临巨大威胁，海洋生态系统将遭遇“根本性改变”，几乎所有位于北欧和西伯利亚的永久冻土（深度冻结的土壤）层将可能融化，进一步造成更多的二氧化碳和甲烷进入大气层，而且这样的状况将持续数十年甚至好几个世纪。这个正反馈会进一步将地球温度推向更高。没有人知道它会在多久后发生，或者温度升高何时才会停止。

从我们的日常经验来看，4 摄氏度听起来也许不是什么大不了的事，但它已经与自冰期的末次盛冰期（Last Glacial Maximum，大约 20000 年前）以来观察到的气温变化相当，而当时的地球与今天相比则根本不同。[17] 此外，气温增加不会在全球范围内均衡分布。在陆地区域，平均升温幅度很可能达到 5~6 摄氏度。英国气象局预测的纽约最炎热的天气，可能比目前要高 10~12 摄氏度，而在中欧，最炎热的天气则可能较现在要高 8 摄氏度。[18] 在这样的情形下，我们根本无法预知，现有的一些必要的基础设施，届时究竟有多少能够正常运行。正如廷德尔气候变化研究中心（Tynedall Cntre for Climate Change Research）的凯文·安德森（Kevin Anderson）所说的那样："有这样一个广为传播的观点：如果升温幅度达到 4 摄氏度，那么我们将面对一个与有效组织的全球社会不相容的未来。那样的未来很可能超出了'适应的可能'，对于生态系统的绝大部分来说都是毁灭性的，而且极有可能是不稳定的（也就是说，4 摄氏度可能只是一个过渡温度，地球温度将会在一个更高的点上达到平衡）。"[19]

尽管不是所有人都会像安德森这样极端，但即便最保守的组织，比如国际能源署和世界银行，也对气候变化科学的研究方向了如指掌。国际能源署的《世界能源展望 2011》（World Energy

Outlook 2011）分析认为："来自科学界的、令人不安的消息是，年复一年，随着时间的流逝，实现 2 摄氏度的温控目标正变得越来越困难；并且，我们也越来越难以预测不能达到这一目标将会带来的后果。"

2012 年，国际能源署总干事玛丽亚·范德胡芬（Maria van der Hoeven）曾经说过，在现有排放趋势下，我们也许正朝着本世纪升温 6 摄氏度的方向迈进。[20] 几个月之后，世界银行也发表报告称，倘若不对政策进行深刻调整，世界将沿着升温 4 摄氏度的轨迹越走越远，时任世界银行行长的金镛称这一情境是"毁灭性的"。[21]

简而言之，我们必须面对这样一个现实：即使将全球升温幅度控制在 2 摄氏度以内，我们将面对的风险依然远超过我们的承受能力。但是，如果依照目前的趋势发展下去，我们会遇到更加难以想象的危机。

第三章 万亿吨的限制

我们要将人类所有碳排放控制在一个全时碳预算（all-time carbon budget）范围之内，但这个预算的大部分已经被用掉了。

一个温度控制目标如果要发挥实际作用，它必须转化成某种我们能够直接施加影响的指标：碳排放。不过，这又会增加另外一重不确定性，因为我们无法准确地知道，大气层对我们的碳排放的敏感度是怎样的。但是，数十年来，科学家们都在研究模型中各种各样的变量，以预估在不同的排放情景下出现不同结果的可能性。随着模型的不断改进，一些反直觉的情况日趋清晰。由于二氧化碳在大气层中存在的时间很长，以及地球的反应、地球最终的温度，不取决于我们何时排放了碳，而完全取决于总的排放量，累计的排放量。换句话说，要想有更大的概率避免某个特定升温的发生，我们必须将碳排放控制在一个全球全时碳预算之内。

根据 2009 年一项具有里程碑意义的研究，我们得到了一些数字。尽管这些数字必定非常粗略，但也有凭有据。[1] 具体情况是这样的，如果我们愿意接受地球增温幅度不超过 2 摄氏度的可能性为 50% 这一结果，那么我们可以排放的碳总量不能超过 1 万亿吨，也就是相当于 3.7 万亿吨的二氧化碳。[2] 自工业革命以来，我们的排放量已经超过这个数字的一半，接下来，我们仅剩下了 1.6 万亿吨的预算。我们将此时的情形称为“抛硬币”，因为这意味着我们有 50% 的概率可以避免跨越在全球范围内广受认可的那条危险警戒线。但若要将全球增温幅度不超过 2 摄氏度的可能性提高至 75%（考虑到我们将面对的风险，以及 2 摄氏度的温控目标在今天看来是多么危险，在提出这一数字时也许应该更加慎重一些），那么我们剩下的预算将缩水超过一半，降至 7000 亿吨左右。我们将这种情形称为“两次抛硬币”，因为在这种情形下，跨过警戒线的概率与两次抛出硬币、每次都正面向上的概率相同（如图 3-1）。如果想要进一步提高全球增温幅度低于 2 摄氏度的可能性，那么预算将需要被进一步削减。（因此，在本书的序言中，比尔 · 麦吉本就给出了 565 吉吨的预算数字，这一数字对应的概率为 80%，他的这组数据得自另外一个研究，但结论非常相似。）

由于仅仅考虑了二氧化碳，忽略了人类活动排放的其他温室气体和颗粒物，这些预算已经极尽简化。我们在本书第四部分将

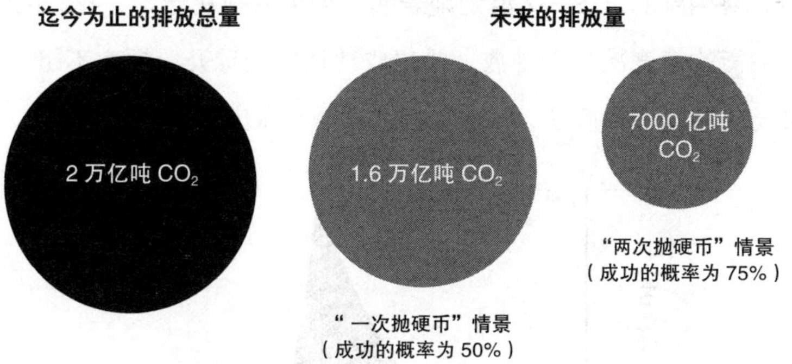

图 3-1 “抛硬币”情景

注：基于万亿吨排放上限的研究基础上的碳预算。按照气候敏感性度评估取得的最新进展，其他一些研究认为，不同的成功概率，对应的碳预算要稍高一点。

会阐明，妥善应对二氧化碳之外的温室气体和颗粒物，对于控制地球变暖至关重要——对于确保接下来几十年的温度保持在低位尤其重要，但这并不意味着可以放弃控制因化石燃料使用而逐渐累积的二氧化碳。

全面评估任务

将这些预算与长期碳排放曲线结合起来，我们就可以清醒地认识到面前的任务有多少分量。上学时认真学过数学的读者们都知道，曲线下方的区域代表着排放的二氧化碳总量——也正是我们需要控制的。图 3-2 清楚地表明，如果从现在开始，我们以一个均衡的速度减少碳排放，要想成功地将全球升温幅度不超过 2 摄氏度的概率维持在 75%，我们究竟需要做出多大程度的逆转。

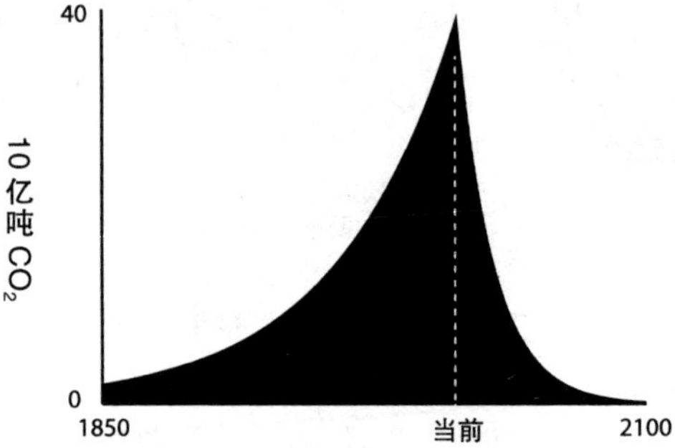

图 3-2　全球升温幅度不超过 2 摄氏度的概率达到 75% 时的二氧化碳减排曲线图

然而在现实中，我们的碳排放曲线永远不可能有这样如同阿尔卑斯山峭壁一样的走势，因为这样一个突然的转折将很可能让全球经济陷入极度混乱的状态。取得成功的一个更加可行的途径是让曲线继续上行，但上升速度持续放慢，数年之后再趋于平稳，继而下行。但是，如果我们仍希望将碳预算控制在某一范围内，那么排放每推迟一年达到峰值，我们后续减排的速度就要变得更快。正如图 3-3 表明的那样，如果我们直到 2020 年才开始削减全球碳排放（国际谈判最优目标即是如此），那么，即便我们接受“一次抛硬币”，也就是 50% 的成功概率，碳排放转向的速度将必须非常急速方可，排放达到峰值之后的减排速度，将在其后

几十年时间里达到 **3%~4%** 左右的水平。这是一个非常雄心勃勃的速度，除了经济萧条时期，历史上很少发生过。更有甚者，如果发展中国家坚持获得剩下的碳预算的主要份额——他们的人口规模更大，也更贫穷，而且历史排放水平也相对较低，其诉求具有一定的合理性——则发达国家减排的速度要快很多，差不多要达到 **10%** 左右。如果森林砍伐不能尽快遏止，又或者，如果永久冻土层融化排放进大气层的二氧化碳比预期的要更多的话，那么减排的速度很可能会更加急剧。

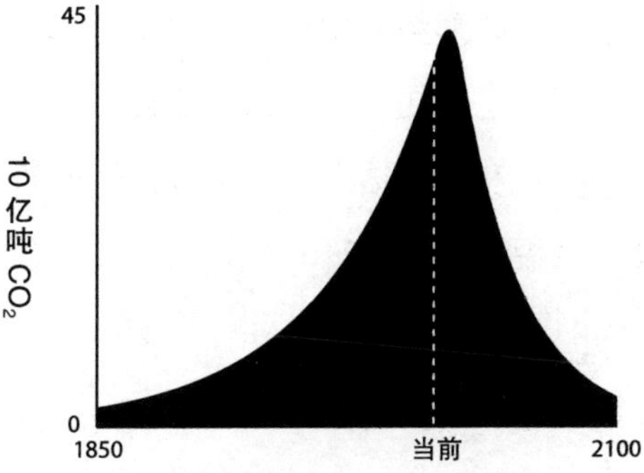

图 3–3　全球升温幅度不超过 2 摄氏度的概率达到 50% 时的二氧化碳减排曲线图

后面我们将会说明，完全有可能构建一种情景，使得排放能够达到需要的速度而不至于对全球的繁荣带来重大影响。只要正确的政策到位，新的能源技术就有可能快速成长，进而替代快速下降的化石燃料流动。但迄今为止，这样的情况尚未出现。

相反，碳排放曲线仍然位于其长期趋势上方，2 摄氏度的控温目标，看起来一年比一年严峻——目前已经严峻到，就连许多气候变化工作者都说他们认为已经不可能了，无论是在正式场合还是非正式场合都已经直言不讳了。即便审计巨头普华永道（Price Waterhouse Coopers）——他们跟踪了全球碳排放和经济活动之间的相关性——也于 2012 年大胆宣称“控温 2 摄氏度的雄心似乎极为不现实”。

很明显，全球社会面临一个巨大的挑战。我们将在第三和第四部分探讨这一挑战的性质，但在此之前，我们还需要首先阐明几个与我们当前面临的形势密切相关的重要问题。如果化石燃料是问题的源头，现在它们变得越来越稀缺会不会让碳排放曲线趋平呢？有关石油峰值和资源枯竭的讨论可谓热火朝天，燃料成本上升和储量减少会否解决问题？

第四章 地下能源太过丰富

石油、煤炭和天然气储量远超我们可以安全使用的量。

关于气候变化的讨论常常聚焦于碳排放上，即从我们的烟囱、排气管以及烟道中排放出来的二氧化碳。这不奇怪，因为倾泻进大气层的温室气体是全球变暖的直接原因。但是，任何用于燃烧的东西，首先都要被从地下开采上来。为了正确地理解这一问题，必须先研究能源储量，并将这些储量中的碳含量与上一章讨论的排放预算进行比较。一旦你这么做，一个关键事实便浮现出来：在任何有关资源有限和石油峰值的讨论中，都能够响亮地听到“资源匮乏不是问题”这一观点。从气候变化的角度来看，化石能源实在是太多了。实际上，问题的关键就在于资源过于丰富。

没有人确切地知道地球上究竟有多少化石能源。即便他们知道，这一数字也并无太大意义，因为不是所有的能源储藏都可以在任何时候被开采。有些油井一旦被开采便油流喷涌，有些煤层埋藏深度很浅，开采不仅简单而且成本低廉。与此形成鲜明对照的是，地球上仍然有很大一部分石油储量以一种黏稠、厚滞的形态存在（比如沥青、焦油砂），人们需要耗费大量能源、艰辛以及基础设施，才能将这类油储转化成可用的能源。与此类似，也有极大规模的天然气储量蕴藏在页岩之中，只能通过一种名叫水力压裂（即通过高压将水、沙和一些化学药剂泵进岩层）的方式才能将其开采出来。

这些化石能源能否被有效开采出来，并加工成有用的产品，取决于至少三个其他方面的因素。其一，化石能源企业的现有技术和实践经验将直接决定开采的成本。其二，个人以及企业的能源支付意愿究竟是多少。其三，管理体制，包括：允许在哪里开采油气、东道国政府征收矿产税的水平、其他抬高或降低能源使用价格的税收或补贴等。这些因素随时间而不断变化，因而市场上可买到的化石能源数量也随之不断变化。比如说，直到水平钻井技术成熟、天然气价格高位运行、运营压裂井变得有利可图之前，在很大程度上来说页岩气是无关紧要的。不过，时至今日，至少在美国，通过压裂开采的天然气不仅数量丰富，而且价格便宜。另外一个因素是地球的物理状态：由于气候变暖导致冰层融化，北极已经成为油气勘探的一个全新区域。

面对如此多的变量，我们最终对能够燃烧的化石能源总量做出任何估计时，都会涉及大量的猜测。因此，能源专家们将石油、煤炭和天然气的资源（resources，即对地下沉积量的预估）与储量（reserves）区别开来。储量是指从经济上和技术上来说都可以、并且从统计概率上来说也能够被开采的那部分资源。考虑到其中的不确定性，储量通常又被划分为探明储量（proven reserves，也是一个估计量，实际开采量有90%以上可能超过该数字）、可能储量（probable reserves，实际开采量有50%或更高的概率超过该数字）以及地质储量（possible reserves，实际开采量有10%或更高的概率超过该数字）。[1]

在最容易被开采和加工的能源中，有很大一部分已经被我们烧掉了，但每年能源开采企业总会发现新的储量，并在一些难以开采、位置偏僻或炼化处理成本高昂的区块的开采方面取得进步。因此，随着时间的推移，未发现的化石能源不断充实已发现的资源库，而无法开采的资源则逐渐由地质储量、可能储量变成探明储量。有时候，这一进程的速度之快，简直令人感到恐怖。我们开始草拟本节之时，业内广泛认可的参考文献上列明的石油探明储量是13830亿桶；等到撰写第二稿的时候，总储量已经增加到了16530亿桶。增幅显著的原因是，加拿大和委内瑞拉的非常规石油被认定为探明储量，这个相当大的数字首次被加进了官方文件。[2]

应该说，对储量和资源的估计也不能完全当真。一个原因是，化石能源矿产的所有者出于对经济利益的考虑对其资产进行夸大而非低估。这一点也同样适用于企业，2004年壳牌公司高调地夸

图 4–1 碳旅程：从暗藏地下到隐身大气层

大其探明储量的行为就是明证。[3]很多国家也会采取同样的做法，舆论广泛认为一些国家就通过夸大储量来增加其在石油输出国组织（OPEC）中的出口份额。（这些只存在于想象中的能源储量或许的确在 20 世纪 80 年代被列入官方文件，但有时候却被称之为“政治储量”。）另外一个原因是，考虑到资源问题的特殊性，其不确定性非常之高，毫不夸张地说，一些大国的页岩气技术可采储量有时会在一年时间内翻倍或者减半。[4]

尽管如此，一谈到气候变化，所有这些细枝末节就都无足轻重了，因为就连全球化石能源的探明储量也远超过我们能够安全燃烧的量。图 4-2 试着将在前一章中探讨过的“一次抛硬币”和“两次抛硬币”模式下的碳预算，与被行业认可的探明储量进行比对分析。粗略地说，如果我们准备接受地球升温幅度不超过 2 摄氏度的成功概率为 50% 的话，我们只能使用一半的探明储量；如果我们希望将概率提高至 75%，则我们仅能使用 1/4。

当你考虑一下化石能源价值几何，以及我们究竟在使用化石能源的机器设备上投入了多少资金，那这张图表看起来就很可怕了。让我们先看看好的一面，如果我们接受“一次抛硬币”的模

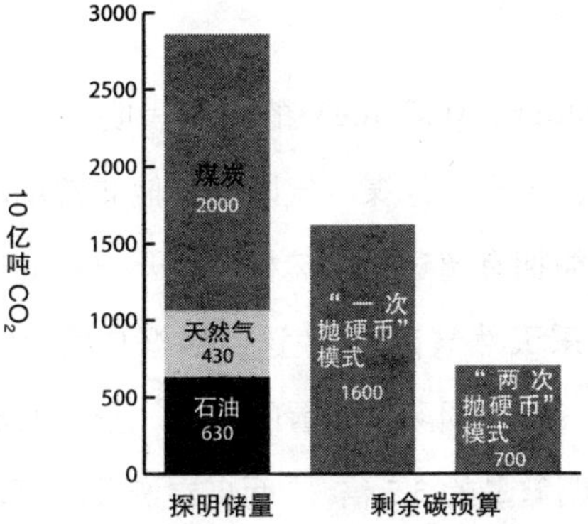

图 4–2 化石能源探明储量（经济上可采储量）的潜在二氧化碳排放量与将全球变暖控制在 2 摄氏度的概率分别为 50% 和 75% 的情况下的碳预算对比图[5]

式，理论上来说我们可以将石油和天然气的探明储量全部用完，但我们必须放弃所有其他储量和资源，而且立即停止森林砍伐和其他二氧化碳排放，同时，煤炭的消费量也要快速下降至基本为零，或者至少所有煤电厂都要加装可以用于碳捕获的装置。[6]然而，世界并不是朝着这个方向前进。后面我们将会看到，最近几年，煤炭消费量非但没有减少，反而大幅攀升。更值得关注的是，上述图表仅仅考虑了探明储量，没有考虑规模要大得多的可能储量以及几乎所有的非传统资源，比如油砂、页岩油等，而能源企业正以极快的速度在开采这些资源。

如果我们将所有这些额外的资源考虑在内，那么化石能源的总储量将整体上大很多。眼下，任何估计都包含着大量的不确定性，但我们仍然可以有个量的概念。伦敦大学学院能源研究所（the Energy Institute at University College of London）的克里斯托弗 · 麦克格莱德（Christophe McGlade）的研究表明，一旦所有油砂、重油、油母岩质、页岩气、煤层气以及其他非常规能源都被考虑在内，全球很可能拥有超过 5 万亿桶的可开采石油储量和 680 万亿立方米的可开采天然气储量。[7] 这组数据与国际能源署的最新估计基本相当——根据国际能源署的计算，全球石油和天然气可开采资源约为探明储量的 3.5 倍。[8] 而煤炭资源的可开采储量甚至要更大，约为探明储量的 20 倍。如果我们将上图的数据进行更新，情况可能将发生重大变化。

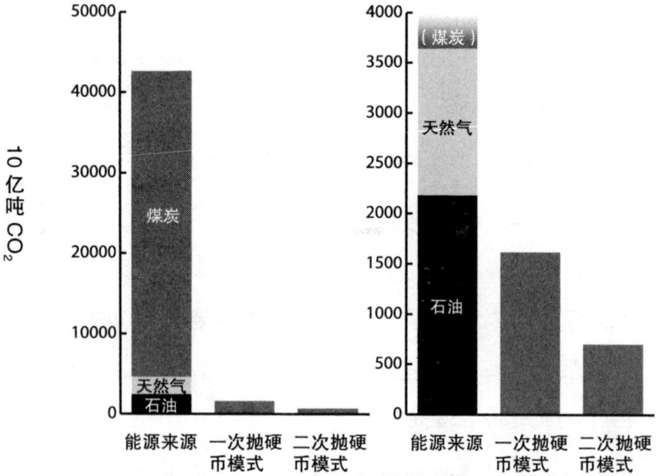

图 4–3　碳预算对比情况

注：左图：化石能源探明储量潜在的二氧化碳排放量，与将全球变暖控制在 2 摄氏度的概率分别为 50% 和 75% 的情况下的碳预算对比图。

右图：同左图，只是未显示煤炭的二氧化碳排放量以便于查看。

现在的形势非常清楚。我们拥有的化石能源的储量，远远超过了我们可以以通常方式（即燃烧后产生的二氧化碳直接排放进大气层）使用的量。而且，随着时间的推移，还将有大量的其他新增资源出现，其规模可能要远超这些储量。一个无法回避的结论是，要解决全球变暖问题，我们需要让世界上大多数的化石能源储量埋在地下。鉴于其巨大的价值，无论是对其所有者来说，还是对全球经济来说，做到这一点都将极为困难。后面我们将讨论让这些储量继续深埋地下的困难所在，同时我们也将探讨继续使用这些化石能源，但是将其排放的碳捕获并埋到地下的可能性。我们还将探讨有没有这样一种可能性：让替代能源资源价格极为低廉，在这种情况下，石油、煤炭和天然气根本就一文不值，不值得开采。不过，我们暂时还是维持原有的想法，也就是说现有剩下的化石能源足以将我们推进一个万劫不复的危险地带。

化石能源达峰值

乍一看来，这一分析与多年以来有关“石油峰值”（peak oil）的许多观点相抵触——石油峰值是指全球的石油产量达到最高峰，并开始不可阻挡地下降。考虑到石油是一种有限的资源，毫无疑问这一峰值终会到来，但围绕峰值到来的时间，以及峰值可能带来的影响，则有着广泛而激烈的争论。那些关心石油峰值的分析师和评论家们〔即所谓的“峰值论者”（peakist）〕早就认为这一刻即将到来，或者也许已经发生过了。他们声称，当市场意识到石油产量开始下降时，油价将如火箭般飞升，全球经济也将随之土崩瓦解。[10]

在过去几年中，我们认为常规石油（conventional oil）（它们以原油和天然气液的形式存在）的产量峰值即将到来。国际能源署在《2012 年全球能源展望》中预测，2015 年全球石油产量将趋于平稳。[11] 对于峰值论者来说，这一预测相当于为他们做出了某种形式的辩护，但该机构同时还预测，常规石油的产量将在未来几十年的时间里维持在一个稳定的水平上，而不是立即快速下降并将全球经济拖下水。更为重要的是，国际能源署认为，即便在原油产量达到峰值之后，全球的液态化石能源的总产量仍将持续增长，主要原因在于来自油砂、干酪根、煤炭以及其他来源的非传统石油供给的快速增长。

不管是否会发生这种情况，有一件事非常清楚：即便石油峰值很快达到，仍然会有足够多的石油、煤炭和天然气给地球气候带来浩劫。石油峰值的快速到来会激发一些潜在的可能性，比如，使各国政府开始恐慌，进而在可再生能源以及核能方面加大投资；或者导致全球经济萧条，从而使排放增速放慢一阵子。但它仍然不足以说服石油储量的持有者将剩余的大部分原油留在地下。即便如此，我们仍要担心煤炭和天然气。确实，尽管大家围绕石油峰值争论不休，解决全球气候变暖要做的努力却要远大于此。如果我们不能在碳捕获与封存（Carbon Capture and Storage，简称 CCS）技术方面取得大幅突破，那么阻止全球变暖意味着人类必须有意识地让化石能源峰值（peak fossil fuels）尽快到来。而且，仅仅达到峰值是不够的，还必须有一个如同跳伞一般的快速下降过程紧随其后。

第五章 达成协议暂无希望

各国政府距离其减排目标，不是千万里之遥，而是尚未走上正轨。

正如我们在前文中读到的那样，尽管研究结果让人越来越感到害怕，但是全球碳排放仍持续攀升。我们正以令人恐怖而且越来越快的速度吞噬我们的全时碳预算。而且，全球拥有的石油、煤炭和天然气的量，远远超过我们能够安全使用的量，至少在将碳埋回地下的技术被发明之前是这样。形势非常严峻，那么全球社会是怎样应对的呢？政策制定者们、创新者们、商界，以及关心此事的公众是否为解决问题做好了准备？还是说全球社会正梦游至悬崖边沿？

总的来说，应对气候变化主要有两条路径。一种是自上而下的方式，按照这一方式，各国需要通过谈判达成共识，采取统一行动限制全球碳排放。一种是自下而上的方式，即由关心全球气候变化的家庭、社区、企业、国家和地区来推动广大公众采取行动，控制自己的碳排放，这背后的动力，既可以是希望做正确的事情的心理，也可以是节省能源开支的需求。过去10年左右的时间里，两种方式都做出了一定的努力。

在自下而上的这条战线上，每个层面都有不少轰轰烈烈的行动。几乎所有主要商业领域都设有这样的岗位，其职责就是监督并削减碳排放。公共宣传栏、地方政府新闻公报，甚至公用事业的账单，都在鼓励人们在家里、在路上节约能源。环保团体与其他关注碳排放的组织和公司联起手来，呼吁人们改弦更张；国家政府为可再生能源的生产提供激励机制；许多公司都在努力制造燃油效率更高的汽车以及其他器具。还有一小部分人（无论如何也不能说其规模可以忽略不计），他们通过减少搭乘航班的次数、改变自己的消费习惯等方式，积极限制自己的碳足迹。

本书将在后文中告诉大家，为什么迄今为止，这种自下而上的应对举措仍无法让碳排放曲线稍有下行。在本章，我们重点讨论另一种路径：全球社会努力通过谈判来寻找一条自上而下的解决方式。根据调查，多数人凭直觉认为，在解决全球变暖这一全球性问题上，这是最自然的一种方式。[1]毕竟，如果全人类都面临着严重的风险，那么全球领导人们难道不应该代表我们找到一个解决问题的办法吗？

迄今为止的故事

从 20 世纪七八十年代起，科学界对于气候变暖的关注就开始活跃起来，但直到 1990 年，政界才真正把这个问题当回事。那一年，联合国政府间气候变化专门委员会（简称 IPCC，是联合国的一个专门委员会，其使命就是跟踪、梳理全球气候变暖科学的研究进展情况）发表了其首份重量级报告。两年之后，在里约热内卢召开的那次具有里程碑意义的环境高峰会议上，来自 100 多个国家的代表签署了一份以“阻止危险的、人为的气候干预”为目的的协议。[2] 作为协议的一部分，与会各国就一些简单的措施达成了共识，比如开始对各自国家的温室气体排放进行跟踪记录，但许多国家强烈抵制任何真正减少排放的责任。

5 年之后，也是在召开了许许多多的会议之后，世界许多国家最终在日本京都制定了一个具有法律约束力的减排目标。但这次只涉及发达国家，而且制定出的目标谈不上有多大雄心：平均目标是从 2008~2012 年，碳排放在 1990 年的基础上削减 5%。正如许多环境活动人士很快就指出的那样，这一减排幅度根本就不足以解决问题，但《京都议定书》（the Kyoto Protocol) 却意味着全球在遏制气候变暖的外交努力方面迈出了重要的第一步。

不幸的是，当时全球最大的排放国美国决定不批准该协议，这使从第一步毫无痛苦地迈向第二步的机会变得渺茫。其实，美国签署了协议，但拒绝执行它。阻力来自美国参议院的一项名叫

《伯瑞德 - 海格尔决议》(Byrd-Hagel Resolution) 的动议，该决议以 95：0 票获得了通过。决议宣称，美国不会承担强制减排义务，除非发展中国家也承担同样的义务。[3]

美国之外的其他各发达国家并没有因此而受到影响，他们继续推进，批准了协议。俄罗斯，特别是澳大利亚，都经过了多年的犹疑，但最终还是“上船”了。加拿大则是另外一种情况，它们先是批准了协议，最终又于 2011 年，也就是《京都议定书》承诺期即将到期之时宣布退出，其理由是《京都议定书》的目标将无法被实现，而它们还没有做好支付相关成本的准备。（加拿大的立场告诉我们，历尽辛苦，最终达成的国际协议也是如此微妙，这一点我们将在后文中讨论。）尽管全球碳排放曲线的走势似乎根本没有注意到《京都议定书》的存在，但各国都对如何在《京都议定书》到期后达成一个更具雄心的、真正的全球性减排协议表示关心，围绕这个问题展开的讨论一直没有中断。

以此为目标，数百名代表——更别说数千名气候变化活动人士、记者以及游说人士——每年都在一个不同的城市聚会，试图设计出一个新的协议。截至我们写作此书之时，他们已经召开过 18 次正式峰会，还有无数次在峰会前预备阶段召开的会前会，从巴厘到坎昆。通常情况下，主流媒体并未对这一没完没了的外交“马戏”给予多少关注，但 2009 年发生了短暂变化。由于乐观情绪笼罩着哥本哈根会议，全球的兴奋情绪被一下子调动了起来。那次会议，最终证明乐观情绪根本就不合时宜。哥本哈根会议确实见证了某种程度的突破：全球各国确实在原则上达成了一致，将全球变暖幅度控制在2摄氏度以内。我们在第二章曾经讨论过这一目标。但是，一旦涉及减排，所有谈判代表的权限都仅限于志愿减排，而每个国家也都只愿意做出在2020年前承担非强制性减排的承诺。

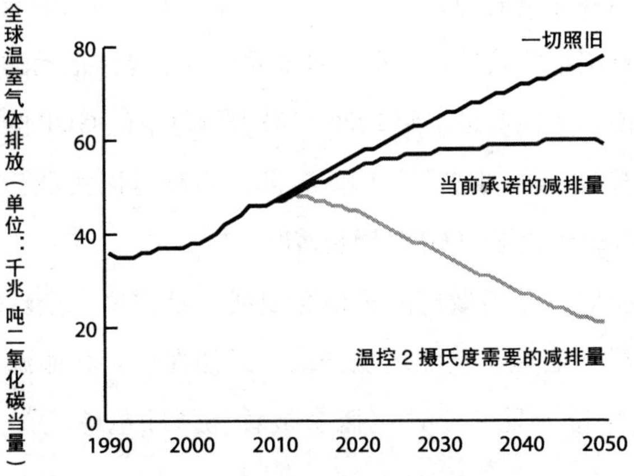

图5–1　目前的减排承诺与将全球变暖尽可能控制在2摄氏度所需的减排量之间的差距

注：数据来自 Climate Action Tracker.org。

有些国家（最引人注目的是那些欧洲国家）做出了非常大的减排承诺。然而，即使将这些减排承诺放在一起，也只占远离危险所需要的减排量的很小一部分。很多欧洲组织的科学家们估计，目前这轮减排承诺也许足以让碳排放放慢速度，也许会让全球碳排放在 2050 年左右趋稳，最可能的结果是使全球温度升高 3.3 摄氏度，这是一个极为危险的升温水平。但即便是这样的估计（正如图 5-1 表明的那样）也过于乐观，因为一个地区不使用化石能源，并不足以让这些能源留存在地下，它们可能会在其他地方被使用——这个问题我们将在下一章讨论。还有另外一种可能性，即一些国家的自愿减排目标可能无法实现。加拿大的情况即是明证——承诺并非是成功的保证。另外，现在某些国家的减排承诺并非绝对意义上的减排，而是放慢排放相对于经济活动的增长速度。比如说，中国承诺“到 2020 年努力将每单位 GDP 的二氧化碳排放量削减 40%~45%”。因此，即便目标得以实现，实际排放量仍然取决于该国的 GDP 增长情况。[4]

甚至有时，已经做出的承诺会变成一纸空文。全球领导人们曾经鼓励化石能源行业增加产量，以便在仍可将能源储量变现的时候尽快变现——这一概念被称为“绿色悖论”（green paradox）。[5]

不过，自哥本哈根气候变化会议以来，情况已经发生了些许变化。2011 年末，世界各国就一个路线图达成了共识，该路线图承诺将围绕碳减排问题达成一项具有法律约束力的全球协议。这一成果被全球媒体广泛认为是一项重大突破，从一个有限的角度来看也确实如此。印度、巴西、中国等新兴经济体第一次同意接受具有法律约束力的气候变化承诺。不幸的是，这份路线图仍存在两个重要的缺陷。第一个缺陷是时间安排：尽管协议必须于

2015年达成，但直到2020年才会生效。这是个糟糕的消息，因为正如我们在第二章中看到的那样，任何一个排放增长的年份，都将使得后续的工作更加困难。第二个缺陷是显而易见缺乏任何具体的定量目标。世界领导人们只是同意达成某种协议，而没有以一种更符合逻辑的方式，即按照事情的先后次序来予以安排，比如以大家都同意的2摄氏度控温目标为起点，将其转换成全球碳预算，然后通过谈判确定大家分别承担多少责任。所以，尽管每个在国家层面被确定下来的减排目标或许确实具有法律约束力，但很难保证这些目标之和足以实现全球控温目标。实际上，不管是否出于故意，路线图的措辞方式使得各国可以在原则上合法地增加自己的排放量，而不是减少。[6]

争吵

既然面临的风险如此之大，为什么各国政府就不能达成一个更具雄心的、足以解决问题的协议？原因是多方面的。比如，气候谈判代表相对而言权限有限（各国谈判代表通常是能源和环境部长，而非总统或总理），许多政府害怕做任何导致国内政治紧张的事情（比如能源价格上涨或者GDP增速放缓），等等。另一个重要原因是，这种协议的达成将损害某些人的隐藏利益。比如说，即便所有的发展中国家确实就某一协议达成一致，许多美国的政策制定者们仍将阻挠美国加入，他们的理由将是，气候变化不是足够严重的威胁，还不值得让美国经济因此而面临危险。但是，用不着雇用私人侦探都能发现，这些政客中的许多人都仰赖能源行业为其竞选提供资助。

我们将在本书的后面章节回到这一话题，但现在，让我们暂时聚焦于最为常见的障碍：也就是哪个国家需要做出什么程度的牺牲这一问题。这是整个谈判过程中一直存在的分歧——从美国到印度，都以此为理由抵制各种提议。这里一个重要的因素便是历史责任问题。能源消耗是和经济活动密切联系在一起的，对发达国家来说，在过去几十年、几个世纪的发展过程中，其每人使用的化石能源量要远远超过经济欠发达国家的人所使用的量。换句话说，迄今为止我们经历过的全球变暖等一切遭遇，主要是由发达国家造成的。而且，由于二氧化碳能够在大气层中存留数世纪之久，这些历史排放将在很长一段时间内，继续导致全球温度上升。1850 年以来，欧洲和美国的碳排放占了全球碳排放的一半左右，而它们的人口仅占全球人口的很小一部分。

发达国家是在对全球变暖这一问题缺乏系统认识的情况下，用掉那么多化石能源的。所以，在其历史上的大规模排放行为中，无心之过多于蓄意伤害——至少直到 20 年前仍是这样。那些生活在发达国家的人，都享受着良好的基础设施、发达的工业以及繁荣的经济带来的幸福生活，而这些都离不开丰富的化石能源。所以，当人类需要在全球范围内控制燃料使用时，那些尚未发展到同等水平的国家当然不愿意做出承诺，除非历史责任更大的发

图 5–2 一幅重新调整过各国国土面积的地图

注：各国面积大小是根据其 1850~2008[7] 年间能源使用累计产生的碳排放量画出的。在这样的一幅地图上，美国、英国和德国的“国土面积”全都大幅膨胀，而非洲、南美洲则缩水至几乎难以辨认。

达国家先行一步。更何况，包括奴隶贩运、殖民主义在内的一系列更为广泛的历史问题都会被考虑在内，融入谈判的政治图景之中。此外，从某种意义上说，正因为发达国家更为富有，他们在发展、资助替代化石能源的新技术方面，也更具优势。

另外一方面，当前二氧化碳排放的主要来源，已经不再是“发达”国家了。1997 年《京都议定书》被制定时，美国是全球最大的排放国，并且发达国家作为一个整体，要为全球大部分碳足迹负责。[8] 但中国在新千年的头几年里取代美国，成为领先的碳排放国。时至今日，经济合作与发展组织（Organization for Economic Co-operation and Development，简称 OECD）国家排放的二氧化碳仅占到全球总量的 1/3 左右，这比 10 年或者 20 年前大多数专家们预测的比例要小很多。即便将进口和出口商品的碳足迹也一并考虑进来，发达国家的排放量也不到全球总量的一半。所以，即使他们承诺到 2050 年将自己的排放量降为零，也很可能不足以解决问题。按照现有趋势，来自中国、印度、巴西、南非以及其他新兴经济体的排放量快速增长，将轻松超过本书第二章中讨论过的全球碳预算。

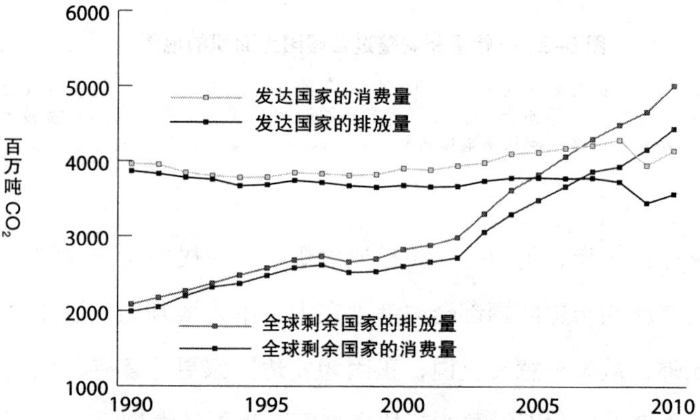

图 5-3 1990~2010 年发达国家的 CO_2 消费量与排放量和全球剩余国家的 CO_2 消费量与排放量对比图

注：根据《京都议定书》的界定，即便将其消费的进口商品的碳足迹也考虑在内，发达国家现在所产生的碳排放也只占全球总的排放量的一小部分。

在所有这些原因导致的僵局下，一些发达国家（比如美国、日本以及加拿大）都表示他们不会承诺大规模减排，除非新兴经济体也做出切实的减排承诺。相应的，新兴经济体也表示在发达国家表现出更大的领导力之前，他们不会做出任何激进的减排承诺。乍听起来，这些话很像是政治姿态，但要真正理解发生的一切，必须回过头来看看前一章讨论过的图。如果气候谈判代表认可一个与其控温目标相匹配的全球碳预算，那就意味着要让全球化石能源储量，外加所有非常规资源深埋地下，至少在碳捕获技术的经济成本足够低廉之前必须如此。换句话说，他们必须同意全球仅再使用剩下的化石能源储量中很小的一部分，并就如何在各国间分配这部分可用储量达成一致。

考虑到如此艰难的形势，也许我们就不会对谈判的举步维艰大惊小怪了。显然，想要从整体上把握全局，我们就必须思考哪些国家拥有所有这些尚埋在地下、需要被一笔勾销的化石能源储量。我们将在本书第三部分回到这一话题。但首先，让我们把注意力从自上而下的全球政治，转到公众、企业以及政府采取的自下而上的努力上来，他们利用能效更高的技术，使用更加清洁的能源，采取更为绿色环保的行为。相关努力已经使得人口增速放缓，当然社会趋势和政府政策在其中也发挥了作用。但是，迄今为止，所有这些努力似乎都没有让全球碳排放曲线稍有不同。仿佛减少化石能源的使用有点像是挤压一个气球：在一个地方被削减的使用量，会在另外一个地方作为新增的使用量重新现身。为什么会出现这种情况？这又意味着什么？

第二部分　挤气球

Squeezing a balloon

为什么我们设想的很多本应有帮助的措施，其效果却会在全球范围内被抵消掉？

第六章 反跳及涟漪

反跳效应如何作用于提高能效和区域节能？

在讨论碳排放削减时，“能效”一词被提及的频率非常之高。高能效房屋和汽车、高能效电厂、高能效流程及工厂、高能效的行为及生活方式选择、高能效经济，等等。一个普遍的、很容易被理解的观点是，如果我们能够更高效地使用能源，那么我们的能耗总量将会下降。如一辆汽车消耗一加仑汽油行驶的距离增加一倍，毫无疑问我们耗用的汽油将减少一半。如果一家公司通过提高能效“节省了一吨的二氧化碳”，那就意味着排放进入大气层的二氧化碳将减少一吨。这是很简单的逻辑推演。

但结果却并非如此。本章即探讨一个反直觉的现象，即全球经济是如何将能效提高和区域能源节约带来的效果吸收于无形的。尽管能效提高和自愿碳减排在推动低碳世界建设方面发挥着根本性的作用，但近距离审视，在削减全球碳排放方面，其本身却并不能发挥太大的作用——如果说还有点作用的话。原因我们在后续的内容中将再讨论。

为什么能效提高并非看起来那么美

几个世纪以来，在用尽可能少的能源获得预期效果方面，世界各地的工程师们、科学家们表现出了无尽的天才。同样消耗一加仑汽油，有些现代汽车的行驶距离是 100 年前福特 T 型车行驶距离的 4 倍以上，且速度还要快两倍以上。[1] 如今，我们可以采用数字化的方式存储数据，其效率比过去的文件柜要高出数十亿倍。自 1900 年以来，通过陆路或者海路运输一吨货物所需要的能量，给一座新房子采暖所需要的能量，都已大幅减少。现代的 LED 灯泡发光的效率要比蜡烛高近百倍，是白炽灯泡的 5 倍左右。实际上，除了极少数的例外——比如美国人近乎疯狂的喜爱四轮驱动的大型汽车，几乎所有领域的能效，都有了质的飞跃。

能效方面的这些提升，让我们能够从单位能源中获取更多的效用，从而更加富有。如同我们将在下一章看到的那样，几十年来，甚至可以说数百年来，我们用于单位经济活动——无论是挣到或者花费一美元、一英镑还是一欧元——的能量都在以很快的速度持续减少。所有这些都是了不起的好消息。但与这一趋势携手而来的是另外一个趋势，亦即我们在第一章中描述过的、不可逆转的能源使用量的增长和排放的增加。

如果将这一明显的悖论归因于我们的能效尚未提升至足够高的水平，那么人类社会将会受到莫大的激励。如果社会做出更大的努力，更进一步提升能效水平，那么也许我们将可以用更少的能源、更低的排放，实现同样的经济活动。果真如此，单纯提升能效即可在未来帮助我们拉平碳排放曲线。但是，我们也可以从另一个角度看待能效提高带来的影响——这一角度或许更符合历史事实。当我们提升了能效水平时，我们也就提升了能源的产出水平，因为每一滴石油，或者每一块煤炭可以做更多的工作。这里有一个客观规律，让某一种东西的产出水平提升，就意味着让这种东西更有价值，随之我们将会用得更多。我们不妨这样来思考这一问题：如果需要一吨煤炭才能让一所房子整晚都暖意融融，或者要烧光一桶油才能把汽车开到商店，那恐怕我们就懒得费劲去开发什么化石能源了。

另外一个关键点是，随着时间的推移，我们开采化石能源的装备和技术水平也持续提升。所以，反过来看，能效提高不仅增加了我们对于能源的需求，也增加了供给。那么，这会不会意味着整体能源使用的增加呢？

反弹的背景

围绕能效提高的影响的争论持续了至少一个半世纪。1865年，当时仍处在上升期、四处扩张的英国的主要能源还是煤炭，威廉·斯坦利·杰文斯就曾经撰文，敦促英国领导人们考虑如果有一天煤炭不能满足需求时，大英帝国的影响力会产生怎样的变化。在其《煤炭问题》（The Coal Question）一书中，他认为提高煤炭的使用效率不足以避免这样的冲击，因为更高的使用效率只会让煤炭更加具有吸引力，进而导致蒸汽机在更大范围内的普及。任何“有益于提升煤炭利用效率、降低其使用成本的（设备或技术），都很可能直接提升蒸汽机的价值，进而拓展它的应用领域”[2]。

经过一个半世纪的时间和大量的学术分析，能源专家们仍然在争论杰文斯是否所言非虚。[3]争论最终归结到一点，即能效提高所带来的节能预期究竟在多大程度上被所谓的“反跳效应”（rebound effects）所抵消。所谓“反跳效应”，实际上是一种类比的说法，讲的是通过能效提高节省下来的能源，最终又作为其他新增领域的用能，反弹回去。有些人认为，“反跳效应”非常微弱，节省下来的能源仅有很少的百分比被抵消；另外一些人则认为，“反跳效应”的影响很大，这些人甚至呼应杰文斯的观点，认为实际数字可能超过百分之百，即能效提高很可能存在“反作用”，非但不会降低整体能耗，相反会推升整体能耗。毫无疑问，这一判断与一以贯之的历史趋势是一致的——能源使用的增加与能效的提升可谓亦步亦趋。

能效提高会在某种程度上加速全球变暖，这一观点着实让人深感不安，而且让不少绿色政策陷入混乱。提升房屋的隔热性能，或者提升汽车的燃油经济性，怎么会对减少碳排放不利呢？回答这一问题，我们需要更加深入地探究社会能源使用的动力机制。我们将通过检视反跳发生的各种形式来加以研究，包括最直接的形式，也包括最漫散的形式。

反跳类型一：越便宜，越多用

最明显的“反跳效应”源自于最简单的事实，即一件事物的价格越便宜，我们就越愿意使用，用的也就越多。

最经典的例子莫过于照明。从篝火、烛光到现代的电灯，一路走来，照明的成本大幅下降，而且随着白炽灯泡逐渐被能效更高的省电灯泡和LED灯泡所取代，这一进程仍在持续。但是，照明方面能效的大幅度提升，并未削减我们用在照明领域的能量。相反，由于成本下降，我们同时打开更多房间的电灯，而且照亮房间里的每一个角落。有时候，这一效应在个体决策层面发挥作用：当一户家庭用节能灯泡替换传统灯泡以后，其家庭成员很可能会有这样的想法，“我没有关灯，但问题不大，因为它们都是节能灯泡”。有时候，这一效应会使整个社会行为规范逐渐发生变迁：如今，装修人员或者建筑人员通常会在一间房间内装上10个甚至更多的卤素灯泡或者LED灯泡，这与20世纪80年代有着天壤之别，那时候多数房间仅在正中间装有一盏灯以提供照明，也许了不得再增加一两盏台灯。上述原因使整体的照明用能并未随着能效的提升而下降。实际上，仅在英国，用于照明的能源碳足迹在1970年到2000年间，增加了差不多2/3。其中，1990年到2000年间，这一数据增幅达到11%，然而，也正是在此期间，低能耗的节能灯泡开始替代传统的而且非常普及的钨丝白炽灯。[4]

另外一个例子是信息革命。尽管信息革命让整个社会形态发生了天翻地覆的变化，但并未对碳排放曲线构成明显影响。为什么与传统而又低效的文件柜、纸张等信息存储方式，以及火车、飞机、邮车等低效的信息发送方式相比，数字化的信息存储和发送方式居然没有带来任何可观察到的能耗下降？一个显而易见的原因就是，由于互联网的存在，我们存储、发送的数据，是传统方式下的数十亿倍，既包括我们在Facebook（脸谱网）上与朋友分享照片、向同事发送包含大容量附件的邮件，还包括将我们硬盘上的内容备份至在线服务器。在写作本书的过程中，我们就将每一个版本存储在Dropbox（网络随身碟）中，这样很方便，不过这也意味着我们7万字的文档所耗用的服务器空间，将是几年前百科全书所占用空间的十多倍。另一个原因是，我们并未用新的方式彻底替代原有的方式，而是同时使用新旧两种方式。在发达国家，多数家庭现在都使用电子邮件，但邮车还是照旧每天到访。我们将电影下载到平板电脑上，但我们依然会给家里装上电视。

多数情况下，这类简单的能源消耗“反跳效应”，并不意味着通过能效提高而节省下来的碳排放会被完全抵消。比如说，就一户家庭或整个社会而言，如果我们将照明的效率提高5倍，我们不太可能将节省下来的能源通过增加5倍照明的方式全部消耗殆尽，特别是当我们达到一个临界点，比如说天花板已经挤满了灯泡的时候。

但“反跳效应”的类型远不止这一种。

反跳类型二：节省导致消耗

“反跳效应”的第二种类型源自这样一种现象，即当我们确实通过采用一种新的、能效更高的技术降低了某一特定活动的能耗时，通常的结果是我们节省了开支，即便我们可能会多消耗一点能量。一些环保人士恰恰在这一点上给予了深入的关注，他们指出，通过提高能效，我们能够提高家庭预算，或者公司的盈亏平衡点。当然，这并没错。但是，在能源开支上节省下来的每一分每一厘，都会被用在其他消费上，而其他消费，无疑也有其能源影响。

这一原则也同样适用于其他类型的、以环保为导向的行为。

比如，将恒温器的温度调低一点，或者骑车上班而不要开车，等等。从技术上来讲，这些都是“能源保护”(energy conservation)行为，而非“能效”(energy efficiency)提升行为，因为其涉及的是有意识地放弃高能耗的服务，转而利用更少的燃料来达到相同的目的。但其净效用却是一样的：你耗费的能源下降了，最终你口袋里可供用于其他方面的现金却增多了。即便这笔钞票放在银行里，它也会在其他地方触发后果，因为它会增加银行可以提供给其他公司或消费者的贷款。

碳排放的最终影响取决于最后购买的东西。如果钱被用于购买太阳能电池板，或者用于热带地区森林再造，那么节省下来的能源将会产生翻倍的环境效用；但是，如果节省下来的钱在一次周末旅行中发挥了关键作用，那么旅行所带来的排放很可能大幅超过节省下来的碳排放。这两种情形可能发生在任何个案上。一个人或者公司节能的初衷，很可能对其替代消费的性质构成极大影响。如果他们的节能行动是一种有意识的环保行为，那他们更可能以一种低碳的方式使用这笔节省下来的资金；但如果他们完全是出于节省开支的考虑，那他们很可能会将其用于其他高能耗的领域。我们将会在本书后面的章节进一步探讨这一重要却被忽视的问题。

放开个案不说，如果我们从一个拥有数百万人口的国家的角度来看这一问题，人们通过能效提高和低碳环保行为来节省开支，节省下来的钱很可能会花在一系列较为典型的物品和服务上。一部分人可能会选择多乘飞机出行，一部分人则可能多买些太阳能电池板，但更多的人会在食品、休闲，或者一些小玩意上，或者其他什么别的事物上多花费一点。从这个角度来看，节能行为在通常情况下确实会节省一些能源，因为同样是一美元或者一英镑，当被花费在用电或开车上时，产生的能耗要高于花费在整体经济层面上的能耗。不过，一定程度而言，无论我们在什么地方花费省下来的那部分资金，这几乎总是另一个能耗反跳的来源。

反跳类型三：此消彼长

第三种类型的能耗反跳在于，当一个人或者一家公司消耗的能源减少，对于其他人来说则意味着有更多的化石能源可供使用。想象一下，如果整个镇子的人都是环保主义者，都减少他们的能源消耗，那么当地发电厂的天然气消耗量将随之下降（碳排放也相应减少）。这无疑是一个了不起的成就，值得以各种各样的理由加以庆祝，但这也会给天然气和电力价格带来下行压力，从而让其他地方的家庭和企业能够使用更多。同样道理，如果一个国家的所有人都减少用能，那么该国进口的天然气迟早会减少，或者出口的天然气会增加。虽然这样可能会使整个国家的碳排放下降，但是，正如我们将会在后文中看到的那样，从全球范围内来看，一国用能下降将使别国可以使用更多的能源（因为价格下降）。

与前面两个能耗“反跳效应”一样，我们不可能确切地知道，我们节省下来的能耗，究竟有多大比例被以这样的方式抵消掉了。经济学家们可以进行预测，但他们永远搞不清楚，一地的能源消耗增加，在多大程度上是由另一地的能源消耗降低导致的。这当中的供求动力机制过于复杂，我们无法确切了解，尤其考虑到全球的化石能源不单被汽车和电厂消耗，还被大量努力为自己的各种产品拓展市场的企业所使用时，量化分析就变得更加困难。

思考所有这些问题的一个途径就是将化石能源的开采和使用，以及全球消费者的碳足迹想象成一辆由一节一节车厢连接起来的火车。你可以让其中一节车厢的速度放慢下来，却无法让其他车厢同样放慢速度，三个车厢就这样相互推进，相互牵引。

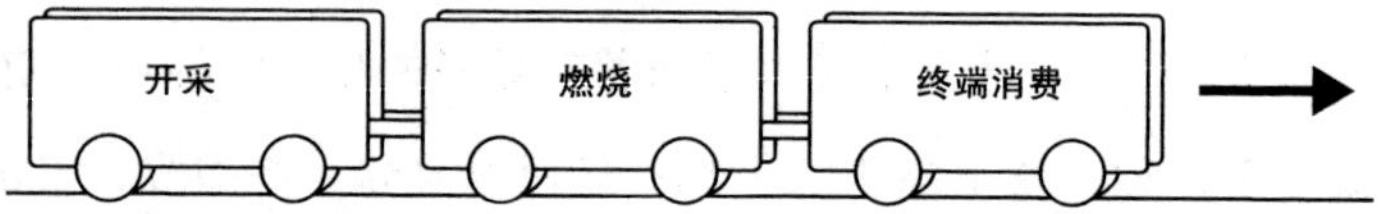

图 6-1 化石能源的开采、使用和全球消费者碳足迹

即使你决心让终端消费这节车厢放慢速度，并且已经说服消费者改变其消费习惯，你依然面对来自另外两方面的推力。企业很可能将节省下来的能源涤荡一空，并且创造出不同的商品或者服务，它们会自始至终竭尽所能鼓励消费者去开发新的“需求”。更有甚者，很多人依然生活在相对贫困甚至绝对贫困的状态之中，所以他们更关注如何提升自己的生活水平而非削减自己的碳排

放，因此企业既可以调整他们销售的产品本身，也可调整其产品销售的地区。

有推力，同样也有拉力。比如说，如果你试图通过对化石能源的生产征税等方式放慢“开采”这节车厢的速度，那么，即便你能战胜那些燃料生产企业和国家激烈的游说，随着能源价格的飞涨，你也会面临来自全球所有使用能源的家庭和企业的抵制。这将削弱政治信心，从而为化石能源开采者提供抵制管制的极好借口：他们会声称自己生产能源完全是为了满足消费者需求。

显然，削减碳排放的最好办法就是对三节车厢同时踩刹车。如果我们仅仅着力于一节车厢，另外两节车厢的推动力，将会降低我们的解决方案在社会层面、经济层面和政治层面的可操作性。经常被忽视的一点是，降低供给和降低需求同等重要。

加拿大政府网站是这样为其油砂开采辩护的：满足消费者需求。但如同需求对供给具有拉动作用一样，供给对需求也同样具有推动作用。

反跳类型四：社会和技术涟漪

前面我们刚刚看过三种类型的“反跳效应”，它们产生的影响非常显著，但是与能效提高对全球经济构成的纷繁复杂的直接或间接影响相比，可以说微不足道。

此前我们分析过，燃油效率提升会鼓励人们频繁地使用汽车，由此带来的进一步后果是，随着车辆的增加，建设、维护高速公路等基础设施的需求也日渐膨胀。同时，远距离自驾成本的降低，使人们更易于在郊区、城郊接合部或者其他偏僻区域居住，这又将进一步刺激对大户型住房的需求。建大户型住房、配家具、采暖、提供垃圾收集等配套服务，这些都意味着更多的能源消耗。况且，这些住房还需要城外商店等配套的基础设施。[5]

与此类似，不坐飞机而改用视频电话将会带来明显而又直接的碳减排。但是，如果廉价的视频会议带来了更多的国际通话，使远隔重洋的人们发生更为密切的联系，那必定会出现这样的情况：人们希望面对面地见到自己的新朋友或新同事。因此，视频会议极可能增加了人们乘飞机出行的整体需求量。

或者，我们再以设计改进为例。一项新的用于将离岸风机安装在海床上的航运或钻探技术，很可能有利于勘探、开采新的深海油藏。

反跳例说

为了便于理解各种类型的“反跳效应”是如何相互契合到一

起的，我们可以设想一个非常简单的例子，详见图 6-2。

假设整个国家忽然之间拥有了更多的每加仑行驶里程翻倍的高能效汽车，乍看起来，该国的燃料使用量将减半。但是，新汽车让驾驶的成本更低廉，从而鼓励或促使一些人比平时更为频繁地开车（反跳类型 1）。整体而言，车用燃料消耗量仍然会降低，但在燃料上节省下来的钱会被花在其他方面，比如存入银行，银行则会将这笔钱贷给其他个人或投资企业。最终，这笔钱将被用于购物，而所购买的商品通常都需要耗费能源进行生产。（反跳类型 2）

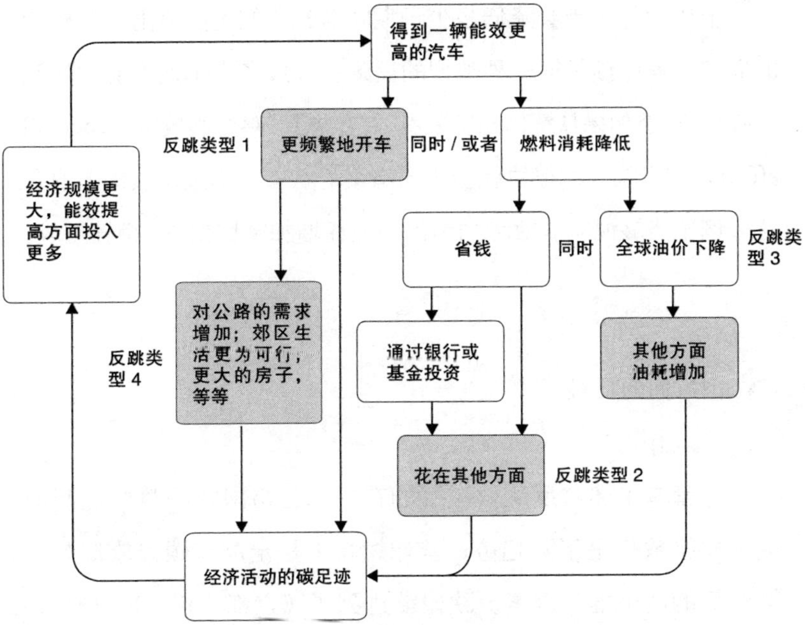

图 6-2　四种反跳类型如何相互契合

进而言之，通过节省燃料，该国的司机们对石油的需求将有所下降，这有可能导致油价降低，从而使其他国家或者行业可以使用更多的石油（反跳类型 3）。所有这些可能的路径，都有助于促进全球经济发展，带来更多的科技进步。而且，也许用于提升汽车引擎燃油经济性的某项技术，通过改装后可以被用于采煤机器上，使得化石能源开采成本降低。不仅如此，因为燃油经济性得到提高，人们将会更多地选择开车出行，这将带来其他涟漪，比如：对公路建设的需求增加；居住在郊区的人口变多，从而带来更多的能源需求；同时，汽车换新的时间也会提前(反跳类型4)。

上述的每一步会降低多少预期收益？我们无法给出一个确切的数字。也许预估第一种类型的反跳将导致多少预期收益的降低还有可能，但如果从整体角度来看，并考虑到“鸡尾酒效应”(cocktail effect）的影响，你很快就会陷入瞎蒙的状态。不过，大体上说，这一例子能够说明能效增加为何与能耗增加密切相关，相辅相成。

国家间的反跳

尽管有上述“反跳效应”的存在，富裕国家的整体能源消耗和碳排放仍呈下降趋势，全球燃料价格走高和碳排放规制是其背后的两个推动因素。欧盟就达到了《京都议定书》（Kyoto Protocol）为其设定的目标，即 2012 年将其碳排放在 1990 年的水平上降低 8%。其他一些国家的碳排放从几十年前就已经开始下降，比如英国。近几年，美国的碳排放也呈现出下降趋势。根据国际能源署的最新数据，美国来自能源利用的碳排放 2011 年下降了 1.7 个百分点，这在很大程度上是页岩气和可再生能源替代煤炭使用的结果。欧盟的数据与此相当，而 OECD（经济合作与发展组织）国家作为一个整体，也削减了 0.6 个百分点。这些减排非常令人鼓舞，但迄今为止，全球碳排放曲线仍然紧紧盯住指数级增长的路径。换句话来说，发达国家的减排成果，几乎完全被发展中国家的排放增加所抵消。鉴于我们生活在一个全球化市场的时代，大量的燃料和商品在不同的国家之间贸易，使得“反跳效应”跨过国与国的边界发挥作用，出现这样的结果就不必大惊小怪了。

让我们首先来看看化石能源的流动。很明显，发达国家的石油、天然气或煤炭使用量减少与新兴经济体的使用量增加密切相关。原因是双向的：随着发展中国家经济的持续发展，其化石能源需求不断增长，与此同时，发达国家开始积极减排，使更多的燃料可供新兴经济体使用。在某些情况下，能源消耗的全球互联更加一目了然——一些政府在削减其自身碳排放的同时，也增加了化石能源的出口量。2012 年，澳大利亚引入了碳税，与此同时，该国也就建设一系列超级煤矿以向海外出口更多的煤炭展开了辩论。[6] 与此类似，由于其他能源的陆续出现，在美国新建煤电厂已无利可图，美国煤炭出口便开始增加，一些企业开始游说，希望在西海岸建设新的港口，以便于向中国出口更多他们生产的燃料。[7]

英国将自己的碳减排目标设定为到2050年降低80%，这一指标可谓全球领先。但即便是英国这样的国家，也明确宣称“要从英国的油气储藏中，最大限度地实现油气经济的复苏。”[8]就在我们写作这一章时，英国自成一格的“有史以来最绿色的政府”宣布，将动用一笔公共资金补贴相关技术，以提高北海油气开采量。[9]同月，在大西洋彼岸，两位竞逐美国总统的候选人围绕究竟谁会为提升美国国内油气产量做出更多努力而争论不休。正如一位名叫乔治·蒙博（George Monbiot）的记者所说的那样，政策制定者们不约而同地寻求“尽可能减少化石能源的需求而增加其供应”[10]的方法。

能源并非唯一在不同国家间流动的东西，大宗商品、工业产品以及服务等都存在于全球市场。过去，德国人购买产于欧洲工厂的玩具和服装，今天这些商品更可能来自中国的广东省；给英国消费者提供技术支持的是远在孟加拉国的员工；而美国人则依赖墨西哥的边境加工厂（maquiladoras）提供加工产品。鉴于提供所有这些产品和服务需要耗费大量的能源，这种生产和服务提供地的转移，最终将导致发展中国家碳排放的持续上升。但是，这些排放究竟属于谁？目前，全球气候变化谈判基于这样一个基本假设，即这些排放是出口国的责任，因为碳排放发生在其边境以内。但显然，那些进口并消费这些商品的国家应该为这些碳排放的很大一部分（有人甚至说是全部）负责。

为了对全球碳排放有一个更加有意义、更深入的理解，一组专业研究人员处理了大量的贸易数据，试图弄清楚所有主要国家的消费碳足迹，包含进口，但剔除出口。〔用专业的说法，这叫“基于消费的排放报告”（consumption-based emissions reporting），与传统的“基于生产的排放报告”恰恰相反。〕他们的发现不同寻常。在1990年到2008年间，发达经济体作为一个整体，碳减排约为2%，但同期其碳足迹实际上增长了约7%。[11]正如预期的那样，这一增长比美国的平均增幅要高——美国的气候政策一直遭遇强大的政治反对，但即便气候政策较为激进的欧洲，其看起来很醒目的6个百分点的碳减排，也被大幅度削减至仅仅1%。英国的情况甚至更加糟糕。过去20年来，英国对进口商品的依赖越来越超乎寻常。英国本土的碳排放在1990年到2008年间下降了19%，表面看起来，可谓一个令人鼓舞的成功的减排成果，并且与英国自己设定的减排目标相当契合。[12]但是，一旦将进出口因素考虑进来，英国同期的整体碳足迹则攀升了20个百分点。直接从减排较多，变为排放大幅增加。

值得指出的是，只有在大量假设的情况下，这些专业人员才能够估计全球进口和出口的碳足迹，从而完成如此创举。实际上，考虑到中国工业的碳强度和低效率，其出口商品的碳足迹可能比研究小组的假设要大很多。[13]此外，一项最近的研究表明，中国近年的碳排放比官方统计结果要高出1/5，这一结论着实惊人。[14]

基于上述两方面原因，进口商品在碳足迹中的影响因子，可能要比上述公开出版的研究所示要大很多。

从通常意义上来说，燃料的使用以及制造业从发达经济体向发展中经济体转移，并非环境政策导致的错误结果。尽管有些产业或许因为环保税等政策原因重新布局，比如从欧洲迁往中国，但重工业从成熟经济体向新兴经济体的大批迁移，也反映了包括劳动力成本等一系列更广泛的因素。因此，从传统意义上来说，商品和服务贸易并不一定是一个“反跳效应”。不过毫无疑问的是，进出口已经模糊并削弱了发达国家减排的进程，并且这还仅仅是一个开始。从新兴经济体进口商品，对于出口国内部的经济增长至关重要，对于其国内的商品和服务市场的发展也极有帮助。从经济增长和减少贫穷的角度来看是好事，但从碳减排的角度来看，这又是另外一个“涟漪效应”的例证，这一趋势的存在让全球碳排放曲线继续维持在指数级增长的路径。

在英国，情况出现了转机，政府已经开始意识到这一问题。英国下议院专责委员会（House of Commons Select Committee）最近发表的一份报告就总结认为，气候变化政策制定者要全面考虑一国消费的碳足迹，而不是单纯看其直接的碳排放。[15] 如果全球其他国家都能从善如流，在对碳排放情况进行报告时，除了采用传统的基于生产的计算方法之外，还能采用基于消费的计算方法，那么通过贸易转移的碳排放情况将会一目了然。而且这也将有助于厘清国家或地区的发展情况，让全球气候变化谈判能够更容易达成共识，[16]同时也将产生新的政策选择的可能性，而这些政策很可能具有重要价值。比如说，如果各国对其进口的大宗商品以及其他商品施加国内碳排放规制，那就可能避免“挤气球效应”的出现，并且能让出口国有动力去削减其排放。尽管我们将在后文中看到，如果这样的政策得以出台，会在政治层面和实践层面带来混乱，但考虑到地球在未来将面临的重大风险，这种政策至少值得我们给予认真的思考。[17]

反跳和排放曲线

鉴于存在如此之多的“涟漪”和“反跳效应”，试图量化能效提高或区域减排带给全球的整体效用几乎是不可能的。这些效用太多、太复杂，而且过于难以捉摸。但有一点是清楚的，即每个人、每家企业、每个国家、每个大洲都紧密地联系在一起。我们中任何一个人的行为，都将对其他人产生影响，而且，这些影响常常会抵消部分甚至全部的碳减排。从这个角度，以及全球碳排放曲线维持不变的背景来看，“反跳效应”就显得极为重要，重要到让我们意识到，不可能仰赖能效改进和零星减排本身来解决问题。(正如我们将在下一章中看到的那样，从某种程度上来说，清洁能源系统与此类似。)

除非碳排放被明确加以控制（比如说，通过一个全球碳排放峰值和交易计划），否则我们断然不可能将碳排放控制在某一预算范围内。如果全球碳排放见顶，那么“反跳效应”将不复存在。我们将确切地知道，任何节能行动或技术带来的“反跳效应”都是百分百精确的，而非毫无作用。确实，如果全球碳排放见顶，能效提高将扮演一个完全不同的角色——由之前的减少全球能源使用（尽管几十年来一直就没有成功过），转向致力于让社会从每一单位可用能源中获得的好处最大化。与此类似，自愿节能也不再单纯是减少总体化石能源的使用，而是尽可能降低浪费，让那些更需要能源的人，比如那些贫困国家的人使用他们能够获得的燃料。

尽管意识到这一点的人很少，但在一些已经为本地碳排放设置峰值的地区，比如欧洲，这一点已经成为现实。整个欧盟区域已经将来自发电厂、钢铁企业以及其他大工业的碳排放见顶作为欧洲排放交易制度（ETS）的一部分。因为总的碳排放已被提前锁定，所以我们在家里或者办公室节电并不会降低碳排放。但是，当地的发电厂节省下来的任何排放许可，都可以卖给欧洲大陆其他地方的汽车制造企业或者钢铁企业，而总的排放量依然维持不变。[18] 但是，即便 ETS 的设计缜密，目标宏大（实际上其目标远算不上宏大），一个区域性碳排放封顶，根本无法应付以能源以及商品的形式在各国间流动的碳。要想让碳排放封顶机制发挥作用，我们必须将其应用于全球。

因此，能效发挥的真正作用，是使管制化石能源使用在全球范围内成为可能。在推动能效提高的同时，强行抑制碳排放，做到这一点，政府就可以尽可能控制整个进程的成本和痛苦程度。后续我们会看到，将这一点与出口燃料和进口商品等其他努力结合在一起，有助于让一个全球协议更为可行。但是，由于“反跳效应”的存在，我们不能想象——或者允许政策制定者们去作这样的想象——能效提高本身能削减排放。甚至有观点认为，在缺乏碳排放管制的情况下，能效提高有可能起到反作用，因为它会白白浪费一次低成本削减碳排放的机会，并让全球能源反馈回路获得循环的动能。

至于个人、公司或国家层面的志愿性碳减排和节省能源等行为，其直接减排的价值或许还在其次，更重要的意义在于体现领导力以及文化习惯的改变，使得一个全球性减排协议更加可行。任何家庭、公司或国家采取节能措施，都向更广泛的世界传递出一个信息，即气候变化问题是很值得重视的，我们可以解决这个问题。但是，如果我们同意我们为环保所做的努力，既是为了直接阻止向大气层排放二氧化碳，也是为了形成一种社会和政治涟漪的话，那就意味着，我们也许应该更多地思考如何让这些涟漪最大化。比如说，真诚希望为气候变化做出贡献的公司，不能单纯将注意力集中在测量和优化自己的碳足迹，而应该仔细评估自己通过营销手段以及政治游说向顾客和政界发出的信号。与此类似，个人除了直接减少能源使用外，也可以在政治层面提出要求。

第七章 人口、金钱和技术

“挤气球”如何对人口、经济变化及可替代能源产生影响？

能效技术和志愿碳减排是一种减少化石能源需求的途径，其他途径还包括：使用更多的可再生能源设备或者核能，以替代石油、煤炭和天然气的使用；放慢人口增速或经济活动速度，以控制整体能源消费。

许多研究人员以及政策专家认为，人们花钱消费，消费触发能源使用，能源使用导致碳排放，最终造成气候变化。因而，上述所有这些减排途径是相互耦合的一个整体。可以用一个简单的等式来予以表达。能源使用带来的碳排放 = 人数 × 人均 GDP × 单位 GDP 能耗 × 单位能源平均碳排放，或者也可以表达得更时髦一点：

碳排放 = 人口 × 富足程度 × 能源强度 × 碳强度

这一等式有时候也被称为卡亚恒等式（Kaya Identity），它能够让我们深入了解迄今为止是什么一直在驱动碳排放曲线，以及我们究竟减排多少以反转或加速特定的历史趋势。[1]卡亚恒等式比较好的一点是，等式本身从数学上来讲是完备的：不管人类在解决气候变化问题方面有无作为，恒等式的 4 个乘数相乘总能得到能源使用导致的排放总量。但这并不意味着这一思维方式不会产生误导。使用这一等式的专家们时常会发现，4 个乘数并不真正相互作用，但如果相互作用的话，比如说，能源的碳强度下降 5% 将会带来全球碳排放 5% 的降幅。实际的问题在于，我们后面将会看到，改变一个乘数会导致另外一个乘数朝着相反的方向改变。因此卡亚恒等式能让我们从另外一个角度观察，“挤气球效应”是如何抵消某个领域取得的明显进步的。

本章将逐一研究卡亚恒等式中的 4 个乘数，了解迄今为止它们分别是如何驱动碳排放的，以及它们又分别能在多大程度上有助于问题的进一步解决。解决气候变化的关键所在究竟是人口、经济增长，还是清洁能源？

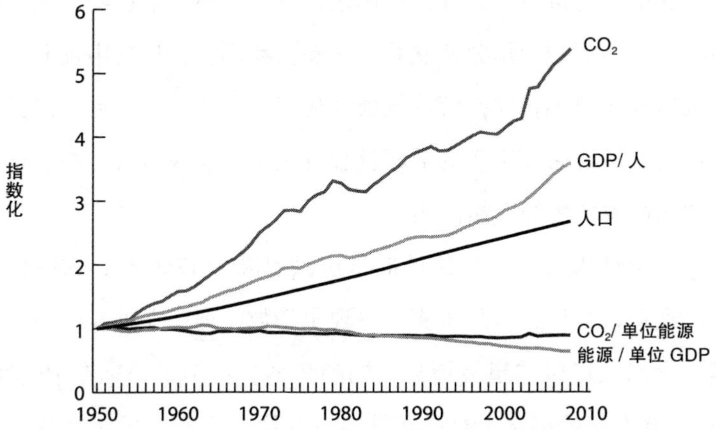

图 7–1　1950~2010 年卡亚恒等式跟踪数据

注：自 1950 年开始，卡亚恒等式中的 4 个乘数便被跟踪研究。[2] 它们相乘得出能源使用的二氧化碳总排放量，该数值在图中也有显示。如果要使碳排放的绝对值下降，那么能源强度和碳强度的下降速度要超过人口以及富裕程度的增长速度。

人口

在气候变化的竞技场中，没有哪个问题像人口问题这样引起了如此多的分歧和争议。随便看一看环境新闻报道下面的评论，或者听一听气候专题讨论会后的提问，你就会发现在一些人的观念中，人口问题是显而易见、不容忽视的。简单地说，地球上的人口实在是太多了，只有稳定并逐步减少人口数量，我们才能最终解决全球变暖问题。

在前面的章节中，我们探讨过，为什么多少个世纪以来，人口总是与能源的使用紧密联系在一起。我们将在后文中证明，如果人口规模更小，那么解决气候变化问题也将更为容易。但是快速浏览一下过去几十年的数据就会发现，盯住人口数量并不是减少化石能源使用的万能良药。

对全球人口的可靠估计最早可以追溯至 1750 年。这些数字告诉我们，全球人口从未真正呈现出指数特征。在很长一段时间里，全球人口以“超级指数”的趋势增长：年增长率在 19 世纪以及 20 世纪的前 2/3 的时间段内持续稳定上升，虽然在两次世界大战等特殊历史时期稍有中断，但随后即迅速反弹。然而，所有这些在 20 世纪 60 年代末期突然发生了改变。在过去几十年里，世界人口年增幅仿佛一块坠落的石头，而每年全球新增人口数也基本维持不变。这反映出全球生育水平出现了前所未有的下降。20 世纪 60 年代，每个妇女平均生育 5 个孩子，仅仅 50 年之后，这一数字下降了一半，而且在接下来的几十年中还有望进一步下降——这应该被视为人类历史上最为复杂的社会变化之一。[3]

但有趣的是，人口增速下降并未促使碳排放曲线偏离其指数级增长的轨迹。这就意味着卡亚恒等式的其他乘数一定是做出了某种反应，弥补了人口趋势变化带来的影响。

但仔细考虑下来，也许这并不值得奇怪。一方面，人口增长和收入增长彼此联系。根据所谓“人口转变”（demographic transition）这一人口研究领域的主旨性研究，假定人口规模稳定

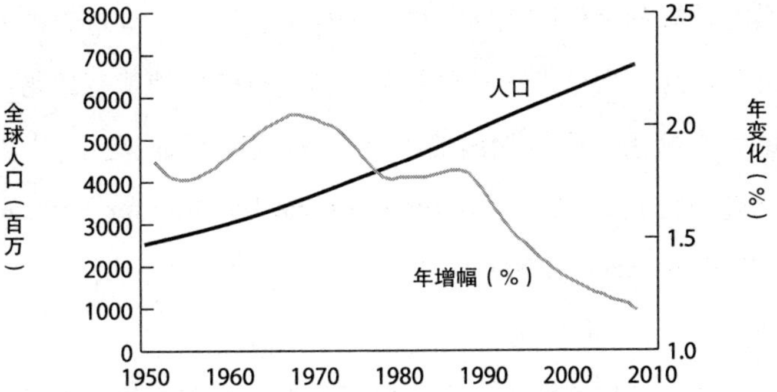

图 7–2　1950~2010 年全球人口变化趋势

但较小，每个国家一开始都有一个人口高出生率和高死亡率的时期。随着卫生条件、医疗水平以及农业水平不断提升，死亡率下降，人口数量随之上升。最终，教育、城市化以及避孕措施等开始发挥作用，人们收入增加，出生率也随之下降，人口数量的变化进而开始趋稳。鉴于收入增加和碳足迹增加常常同时发生，所以人口增长放缓带来的影响很可能被人均消费增加抵消。

未来人口增长的变化之所以不会对碳排放产生人们预期的影响，另外一个相关的原因在于全球出生率差别很大——而且碳足迹较低的国家往往出生率很高。在撒哈拉以南的非洲，人口数量以每年 2.5% 的速度增长，是发达国家的整整三倍。[4] 但一般来说，生活在那儿的人们年二氧化碳排放量不到一吨，而全球的平均值是 6 吨左右，欧洲大部分地区是 15 吨左右，北美和澳大利亚则达到 20 吨以上。[5] 人均财富和碳足迹之间存在巨大落差，即便整个撒哈拉以南地区明天在一缕青烟中消失无踪，全球碳排放也只不过下降几个百分点——如果来自其他国家的消费者趁化石能源市场处于萧条期而增加消费，这一数字甚至可能更小。[6]正如国际环境与发展研究所（the International Institute for Environment and Development）2009 年在其一份报告中指出的那样：

> 全球相当比例的……人口的消费水平非常之低，他们的碳排放极低，甚至为零。回顾 1980 年至 2005 年间各国的二氧化碳排放水平及其变化情况……人口快速增长的国家与温室气体排放快速增长的国家之间，几乎不存在多少关联；实际上，多数时候，那些人均排放非常低的国家（而且通常排放增速也非常缓慢），人口增长率也最高。[7]

以上事实并不是说人口与解决气候变化问题毫不相干。常识——同时也得到一系列学术研究的支持——告诉我们，更多的人口将带来更高水平的未来能源需求。[8]如果世界各国能就一个全球碳排放峰值达成共识，那么问题将变得易于解决，因为额外的能源需求可以也只能通过可再生能源或者核能得到满足；但如果各国没有就这样一个峰值达成共识，那么随着贫困国家生活水平的提高，带来的所有额外的能源需求，毫无疑问将会进一步推升化石能源的使用量。不仅如此，更多的人口常常意味着森林砍伐和农业生产带来的碳排放增加，我们将在本书第十二章中讨论这一话题。此外，人口增加将会使全球变暖更加危险，一个简单的原因在于，大多数新增人口都出生在极易受到极端天气事件影响以及农业歉收的地区，且这些地区往往最不具备应对其影响的经济能力。

这里有诸多影响因素。联合国预测，2050 年全球人口的中位数是略高于 90 亿，其较低值和较高值在 80 亿到 100 亿之间。到 20 世纪末，主流预测值将升至 100 亿，可能的范围也进一步扩大，从最低 60 亿到最高将近 160 亿。[9] 这些预测是否可靠？目前存在着颇多争论：作家、记者弗雷德 · 皮尔斯（Fred Pearce）就曾经报道称，联合国有可能人为夸大了其人口预测的中位数，目的就是为了防止世界对人口增长状况自得意满。[10] 但很清楚的一点是，在接下来的几十年间，世界人口出生率发生的变化将对全球人口峰值到来的时间以及规模产生非常重大的影响。正如联合国指出的那样，“从长期来看，哪怕是很微小的出生率的变化，都有可能让人口规模发生极大改变。”[11]

基于以上诸多原因，毫无疑问，我们必须采取一些合理的政策措施以控制人口，比如加大帮助全球妇女避免意外怀孕、获得教育机会和工作机会的力度，等等。但是，迄今为止的证据表明，在削减碳排放方面，限制甚至逆转人口增长的趋势，就其本身来看，也许并不能帮助我们达到预期的效果。可能新增人口会有所减少，但这并不一定会减少我们对化石能源的使用。气球的形状会发生改变，但其体积并不一定会缩小。

富足程度

这里的富足程度指的是人均 GDP，约等于普通人一个典型年份的消费力（spending power），[12] 包括各种各样的开支：从食物到家具，从医疗到理发，从汽车到电脑，包罗万象。尽管最富裕的国家与最贫穷的国家之间的收入鸿沟继续存在，但最近几十年来，全球平均富足程度一直快速增长（而且增速相当稳定），年均增速约 2.2% 左右。[13]

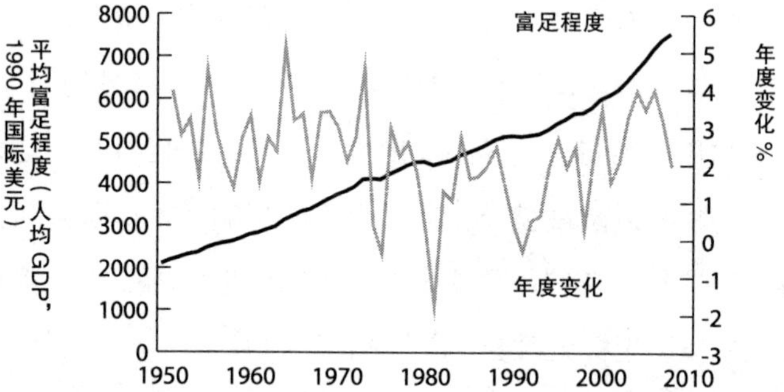

图 7–3 1950~2010 年全球平均富足程度

注：国际美元（international dollar）是一个考虑到不同国家货币之间存在购买力差异而设立的通用货币单位。

很多因素都对人均经济活动增长有所贡献——从全球市场不断扩展，到工人和各个国家的专业化程度提升，再到生产效率更高的技术。在不同驱动因素的相对重要性这一问题上，不同经济学家和思想家之间存在一定分歧，但正如我们在第一章中指出的那样，获得充足的能源与上述种种因素都有着密切的关系。[14] 卡亚恒等式的 4 个乘数似乎进一步证明了这一点：自 1950 年起，甚至可以说有史以来，富足程度与碳排放之间就亦步亦趋，步伐一致。当富足程度上升之时，碳排放亦随之上升。当（而且仅当）富足程度下降（比如 20 世纪 70 年代石油危机期间的美国，苏联解体之后的前苏联各加盟共和国，或者 2008 年金融危机之后的整个世界）时，碳排放也会随之下降。

富足程度与碳排放密切相关，这并不值得奇怪，因为几乎所有的商品和服务都离不开能源。能源为机器提供动力，而机器则有助于提高劳动力的产量，卡车和轮船让全球市场得以扩展，矿场则为世界提供所有的原材料。正因为此，一些评论家和许多环保活动人士都认为，放缓、阻止 GDP 增速，甚至让其负增长，也许是减少碳排放、减小其他环境影响的关键之所在，至少可以对这两个目标的实现有所帮助。而早在 20 世纪 70 年代就有过类似讨论，当时经济学家赫尔曼·达利（Herman Daly）就出版了《稳态经济学》（Steady-State Economics）一书。2009 年，英国的学院派经济学家蒂姆·杰克逊（Tim Jackson）出版了极具影响力的作品《无增长的繁荣》（Prosperity Without Growth），呼吁发达国家放弃追求 GDP 的持续增长，自此，这一讨论在气候变化领域变得尤为热烈。

正如我们将在下一章探讨的那样，让全球大多数化石能源储量深埋地下不予开采，通过这种方式来解决气候变暖问题，将对经济增长带来深刻影响。而将发达国家经济增长目标设定为零，以此来解决全球气候变化问题，看起来也不是很有希望。一方面，仅靠发达国家放弃经济增长，很可能不会使碳排放大幅减少——至少直接减排量有限。目前，传统意义上的“发达国家”，如美国、加拿大、欧洲各国、日本、澳大利亚和新西兰，这些国家的碳排放在全球排放中只占少数。而且即便经济不再增长，这些国家仍然会排放大量的二氧化碳。的确，最近的一项研究表明，经济繁荣时期排放增长的速度，要比经济萧条时排放下降的速度快很多，最有说服力的理由是，我们已经拥有了汽车、建筑和电厂，经济增长停滞并不会改变我们使用这些的方式。[15]

即便发达国家的经济增长永久停滞，如果这只“被挤压的气球”在发展中国家又膨胀出来，那么能够节省下来的碳将比预期的少很多。基于前面讨论过的相关原因，全球富足程度增速放缓甚至有可能导致人口增长加速，抵消更多的碳减排。[16]

将 GDP 增速放缓或者负增长作为削减碳排放的方式还存在一个根本性的挑战。即便政策制定者们有应对挑战的意愿，他们也并不见得具备这个能力。技术或流程创新可以通过增加每个工人、每英亩土地、每幢建筑、每吨原材料生产的产品和服务的量来驱动生产力发展，集装箱运输、流水线工厂以及互联网就是其中几个卓越的例子。而经济增长则是靠这种驱动实现的。这就意味着，如果一个经济体要维持零增长，那么技术进步的步伐必须放慢或者停止。眼下，没有人知道一国政府如何才能做到这一点（至少在不对产权法等进行大幅调整的情况下是无法做到的），而且，考虑到全球能源系统非常需要技术革命，这明显也不是什么好主意。

即便上述这些都不是事实，政府能够人为地让经济增长趋平，他们仍将面临严重的政治挑战。从历史情况来看，经济萎缩之时，债务人违约，投资者蚀本，借贷市场枯竭，一个经济收缩周期将导致失业、税收收入下降、支出削减、各种苦痛以及社会的动荡。此间的真意在于，现代经济只有处在增长中时才是稳定的。政府也许可以采取一些措施以控制这些影响，比如通过减少工作时间来分享雇佣机会，或设立较低的消费者、公司或国家债务水平，但目前尚不清楚这些措施是否足以令零增长的经济在政治上可行。

因为上述诸多原因，通过控制富足程度来解决气候变化，似乎并非一个容易而又可靠的方法。但是，那些对经济增长持批评态度的人，确实有一个非常重要的观点需要阐明。我们后续将会讨论到这一点，政策制定者们之所以不采取更多措施来应对气候变化，一个重要原因便是他们害怕抑制化石能源的使用将会让GDP增速放缓甚至下行。所以不管我们采取别的什么措施，要想解决问题，显然我们必须杜绝继续将短期经济增长置于其他所有考量之上。但是，仅仅这一点依然不能解决问题。

经济的能源强度

几十年以来，每单位经济活动所消耗的能源量一直在下降。实际上，能效提升的速度本身也在不断提升，21 世纪以来能耗年下降幅度达到 1.5%~2%。换句话来说，在创造经济产出方面，我们正变得越来越节能。这要部分归功于机械和技术改进，比如 LED 灯泡以及混合动力汽车的出现，但几乎可以肯定地说，最核心的原因在于，我们的经济中越来越多的部分正围绕着服务和知识转，而非实体产品。相应的，我们在“虚拟”产品（比如数字媒体、通讯、教育以及各种各样的个人服务等）上的消费越来越多，所占比例越来越大；而在能源密集型产品（比如燃料、电力、汽车以及建筑材料等）上的消费越来越少，所占比例也越来越小。尽管 20 世纪 50 年代和 60 年代存在问题，但看起来一个类似（如果说不那么清晰、不那么始终如一的话）的趋势可以往前追溯到

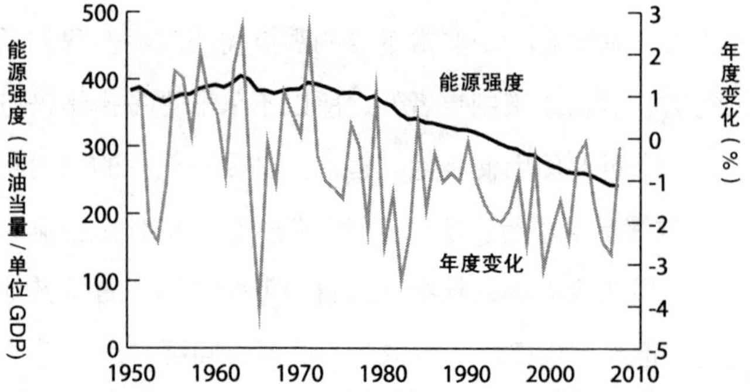

图 7–4　1950~2010 年全球能源强度变化图

很久以前。[17]

不过，在匆忙得出向知识型和服务型经济转变将有助于缓解气候变化这一结论之前，我们必须强调一个非常关键的论点：朝着虚拟经济的相对转型，并不一定会带来能源使用的绝对下降。换句话说，我们目前还不清楚，以知识和服务为基础的经济产出的持续增长，究竟会替代、补充还是依赖于一个持续扩展的、以重工业和实体产品为基础的经济。的确，正如本章一开始我们就看到的卡亚恒等式表明的那样，能源强度是卡亚恒等式 4 个乘数中唯一一个可能带来整体碳排放下行的乘数。然而，人口和富足程度的增长实在太快，能源强度降低带来的减排效应根本不足以抵消它们增长带来的排放增加，尽管排放的增速要稍稍慢于 GDP 的整体增速，但最终的结果将是指数级增长的局面依然没有得到改变。这就非常有力地表明，迄今为止全球经济经历的任何虚拟化进程只涉及增加服务，并没有有效地替代工业。

展望未来，进一步降低能源强度的空间依然巨大，可以通过提升能效标准、发展新的节能技术、采取经济激励措施等办法改变人们的行为方式，减少能源浪费。一些未来能源趋势的模型显示，通过上述方面的改进，到 2050 年，我们只需要目前一半的能源，即可满足日常购物、接受服务、采暖和用电的需求。但是，正如我们在前面一章中看到的那样，如果没有一个碳排放上限，类似措施将受“反跳效应”的影响，甚至可能会让全球消费更多的能源。

能源的碳强度

将前面我们讨论过的 3 个乘数相乘，所得的数字即为全球能源使用量。现在，只剩下这些能源的碳强度需要考虑。如果我们能够快速转向可再生能源与核能的能源组合，或者在使用化石能源时配之以碳捕获系统，并且，如果我们确信这些能源来源是替代而非补充未曾稍有减少的石油、煤炭和天然气的使用量，那么排放将会下降，而且能源消耗也将不再成为一个问题。那么，究竟什么地方出问题了？

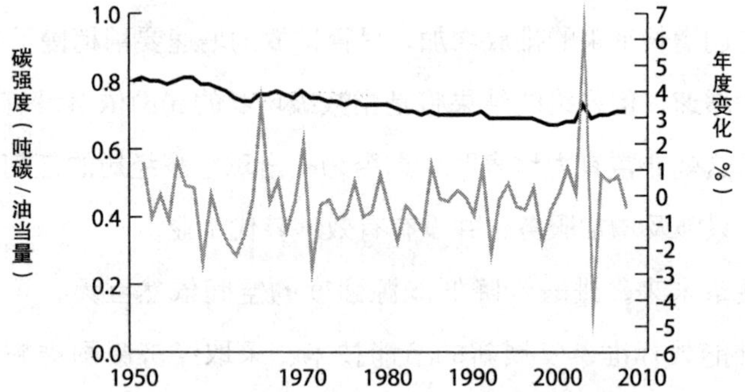

图 7–5 1950~2010 年全球碳强度变化图

这里的消息令人有些震惊。从我们读到的所有关于可替代能源的头条新闻来看，在过去几十年中，碳强度的走势刚刚算是持平。正如图 7-5 显示的那样，尽管我们花大力气推进可再生能源，但结果却不尽如人意。可替代能源的碳强度虽在 20 世纪 90 年代稍有下降，但自 21 世纪初开始基本走平，或者甚至稍有上行。所以，今天单位能源的平均碳排放，并不比 30 年前低，甚至比 1950 年也低不了多少。

乍一看，这似乎有点奇怪。我们见证了风机和太阳能电池板数量的不断增长，听到过有关向可替代能源领域投资（比如开发海洋能、兴建新的核电站等）的消息。但是目前来看，低碳能源的增长总量与化石能源使用量的增加相比，可谓九牛一毛。况且，随着化石能源使用量的增加，煤炭的使用也越来越多，这是一个很明显的趋势，而煤炭是迄今为止污染最严重、碳强度也最高的主要能源品种。[18] 图 7-6 显示的是 2001 年至 2011 年之间全球范围内新增能源产量情况。煤炭遥遥领先，化石能源作为一个整体超过可再生能源差不多一个数量级。其中，亚洲是主要的消费地，

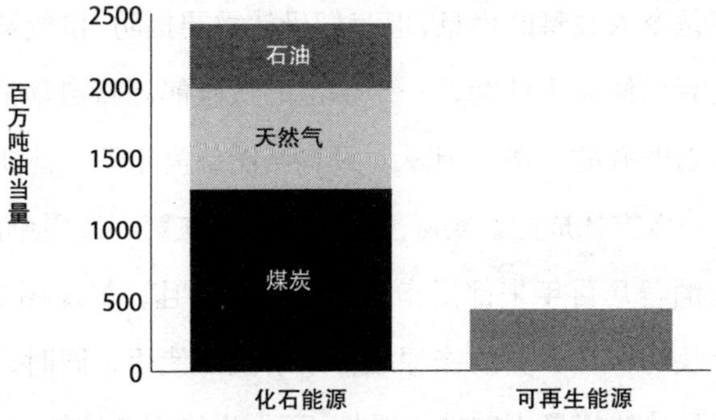

图 7–6　2001~2011 年，全球能源系统净增加额 [19]

注：化石能源占到总量约 4/5。核能由于其 2001 年的发电量低于 2011 年，故未反映在图中。

尽管大量煤炭被开采于世界其他地方，并且很多煤炭被加工成产品供应到世界的其他地方。

看看不同能源品种的增长率，一个更为积极的信息被揭示出来。尽管从绝对数量上来说，低碳能源增幅仍然被化石能源所超越，但低碳能源的增速却要快很多。实际上，太阳能和风能的增速不仅仅是快，甚至不仅仅是指数级的增幅，而是“超级指数”级的增幅：其增长率可以说是扶摇直上。1990 年早些时候，可再生能源（不包括水电）年增幅约为 5%。新千年之际，这一数字约为 7%。而到了 2010 年，其增幅已经达到了 17%。[20]这样一个“火箭式”的增长轨迹很可能不会持续太久，但其走势确实表明，低碳能源将很快成为全球能源画卷中一个非常重要的组成部分。与此同时，清洁能源的价格也在不断下降，而化石能源的价格，平均而言则持续上行。

这真是令人鼓舞的消息，但我们仍然需要提防“挤气球效应”。政策制定者们倾向于认为，一个单位的低碳能源将自动消除一个单位的化石能源的产能，但是，只有当能源需求不受能源供应影响时，这一点方才成立。实际上，正如我们在第一章看到的那样，全球能源消费几百年来都呈指数级增长，而且，就像图 7-7 极为清楚地反映的那样，新的能源品种不断投入使用，同时，我们原有能源品种的使用量也在持续增长。可再生能源和核能也是一样：从全球角度来看，没有可靠的证据表明它们有效替代了化石能源。

在一国层面，加大清洁能源建设力度，同时施以税收和碳排

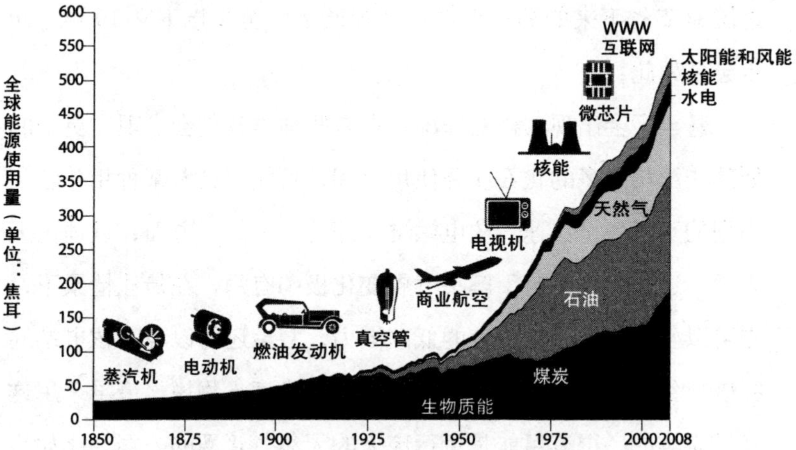

图 7–7　1850 年以来人类能源消耗情况

注：上图表明，就其本身来看，新能源品种的出现不会减少现存能源品种的使用。相反，它们会推动经济活动，进而增加全球能源的使用量。[21]

放上限等政策来抑制化石能源的使用，或可成就难以乞及的目标。但即便如此，也无法保证石油、煤炭以及天然气能够留在地下，因为这些化石能源储量的所有者可能只是将其开采出来，并出口至其他国家。如果没有一个全球气候协议，或不针对化石能源的生产和出口课税，那么毫无疑问这种情况将不可避免，至少在一定程度上无法避免，因为世界上从不缺乏对能源如饥似渴的需求。只要问问热带地区那些数十亿生活或工作在尚未装上空调的房子里的人们，或者大多数从未飞到外地度过假的人们，答案便一清二楚。[22] 鉴于人们一直孜孜不倦地追求更高水平的物质繁荣，在缺乏任何碳排放抑制措施的情况下，发展中国家将无节制地把发达国家节省下来的那一点燃料消耗殆尽，至少接下来10年、20年会是如此。

甚至于会出现这样的情况：在有些地方我们会发现，更多的低碳能源与更多的化石能源使用之间，可能存在着某种相关性。小型的下一代“快速”核电站堆型即为一例。一方面，从理论上来说，这种核电站对于解决气候变化极为有用，在最佳情景下，它可以生产大量价格低廉的低碳电力，甚至还能以现有核电站的钚废料作为燃料。但是，据这一技术的代表人物说，最早采用这一反应堆的，很有可能是运行庞大的天然气管网的公司，比如将俄罗斯的天然气输送至欧洲的那些管道公司。目前，在输送过程中，必须抽出一部分天然气用来驱动涡轮，以便将管道内的天然气压送至下游。如果可以用模块化的核反应堆替代输送过程中这部分被用作动力的天然气，那么我们即可避免类似的浪费，进而提升输送的天然气的商品气量，为世界各地的锅炉和发电厂供应更多的天然气。[23]这个例子或许只是特例，但广而言之，新增的任何类型的能源都可能促进全球经济发展，驱动我们在第一节中讨论过的反馈回路的运转，进而增加对各种类型能源的需求和供应，其中当然也包括化石能源。

低碳能源的拥趸们指出，在有些情况下，可再生能源和核能已经与化石能源价格相当，并将在全球范围内替代化石能源。不幸的是，短期内出现这一情况的可能性并不大，因而并不能避免气候变化给我们带来的无法承受的后果——除非出现几乎无法想象的技术突破，否则几乎没有可能。总之，即便这些能源在成本上具备竞争力，也无法保证我们停止使用石油、煤炭和天然气。一方面，各种不同能源成本的比较数字可能具有一定的误导性，因为决定是否使用某种能源的，并非一个单位能源的平均成本，而是边际成本——也就是在任何特定情况下再生产一个单位能源的成本。[24] 如果一家公司已经拥有一座煤矿、一列运煤的火车和一座煤电厂，那么继续使用它们的边际成本将很低，即便煤电的成本高于风电也是如此。类似的，如果一个家庭已经拥有一辆价格不菲的传统汽车，那即便燃油汽车每公里的使用成本要高，相比较于更换一辆电动汽车而言，继续给这辆车加注汽油可能既经济也更现实。所以，很显然我们需要思考的，绝不仅仅是化石能源储量的问题，而是我们已经建成的一整套使用化石能源的基础设施和机器装备。后面我们将详细讨论这一问题。

在公开市场削减石油、煤炭和天然气的另外一个挑战是，现有的化石能源价格中，通常包含很高的利润。一桶沙特原油在国际市场可能售价100美金，但其生产成本只需要几美金。[25] 所以，如果清洁能源开始对石油构成冲击，清洁能源降价的空间将非常大。要想让化石能源彻底不经济，不经济到对其所有者来说放弃比开采还要合算，那么可再生能源和核能的成本必须降至极低的水平。

国际能源署的预测模型并未将这些影响因素考虑在内，即便如此，根据现有各国政策所做出的对未来25年的情景分析显示，石油、煤炭和天然气的消费增长仍旧要远远超过可再生能源。化石能源在全球一次能源供应中的比例只有微幅下降，从 2010 年的 81% 下降至 2020 年的 79% 和 2035 年的 75%。[26] 因而，能源的碳强度也不会下降太多，而碳排放在此期间将会继续飙升近 1/4。

确切地说，我们并不是说可替代能源不重要。显然，要想让化石能源逐步退出，现实层面上可行且政治层面上可能的办法，只能是同步大力推进低碳能源的使用。但是，目前全球并没有共同努力，采取强力措施，控制化石能源的使用。在这样的背景下，我们尚不清楚低碳能源本身能否有助于问题的解决。

同样的分析也适用于天然气，现在，它越来越被视为一种绿色的能源选择。天然气燃烧时，每单位能量释放出来的二氧化碳只相当于石油的一半左右，与煤炭相比则更低，所以许多经济学家和政治学家现在都将“能源转换”至天然气——包括非常规资源，如页岩气——视为一种便宜的快速降低碳排放的方式。事实确实如此，从碳排放（也包括空气污染）的角度来看，天然气替代煤炭的好处不可谓不大。最明显的例子是美国，美国的页岩气极大地促进了其煤炭使用量的下降，进而促进了碳排放的下降。但是，正如我们前面所看到的那样，美国的煤炭出口在此期间大幅上升，所以从全球角度来看，至少在部分、或许大部分情况下，天然气属于新增的能源消耗。不管怎样，出口什么，国内消费什么，一定程度上说是一个历史性巧合：美国有大量的煤炭出口设施，但几乎没有大型的天然气出口终端。不过这一点似乎很快将会有改观。[27]

在一个全球碳排放上限的约束下，天然气肯定会扮演低成本的过渡能源这一角色。这一趋势将会自然而然地发生，因为如果全球碳价走高，煤炭将很快变得不经济。但是考虑到必须快速削减碳排放，所以天然气可能只会在短期内扮演一个过渡性的角色。在建造任何新的天然气基础时我们都必须明白一点，这些设施中的大部分将会在其工作周期内退役或者重新装配碳捕获装置。更为根本的一点是，在缺乏一个全球碳排放限制的情况下，从地下开采更多的天然气，将意味着通过增加全球能源供给而带来新增排放，这是几乎可以肯定的。而且，这还没有将页岩气开采的一个副产品——泄露进入大气层中的甲烷对气候变暖带来的影响考虑在内。这些泄露进大气层的“逃逸性排放”的影响程度引起过争论，而一项研究预测，它们足以让页岩气的碳强度与煤炭相当。[28]

四大乘数还是仅仅一大乘数？

令人遗憾的是，关于卡亚恒等式的四大乘数，我们找不到1950年前的可靠数据，以便更深入地研究这四者在历史上是如何相互联系的。但是，我们可以非常有把握地说，在超过一个半世纪的碳排放指数级增长的过程中，每一个乘数都有其自己不同的路径。因而一个乘数所获得的改进，看起来都被其他乘数的恶化所抵消。为什么这个“挤气球”的效应总是一再发生？最可能的解释是，全球碳排放最终取决于其他一些更为重要的因素（比如我们开采石油、煤炭和天然气的能力，生产使用这些化石能源的基础设施的能力），而不是我们原本以为的卡亚恒等式中的几大因素。换句话说，卡亚恒等式中的乘数，并不会驱动化石能源的开采，而只是适应我们的化石能源开采能力。这一点与早些时候提出的“越多的能源会催生更多的能源”的理论假设颇为契合，因为它表明，从全球角度来看，我们只是从地下开采尽可能多的化石能源（或者，以石油的情况来看，OPEC 国家想要开采多少就开采多少。[29]）。一旦它们进入能源市场，最终都是以被消费而告终，所以如果四大乘数中的某一个上升或下降，另外几个自然而然地就会随之变动，以适应其他地方能源消费的变化。

如果这一点是正确的，那么在假设四大乘数相互独立的前提下做出的任何预测都将是灾难性的——而且它再一次表明，想要解决气候变化问题，我们需要将注意力集中在放慢全球化石能源流入全球经济的速度这一关键点上。这就需要开展全球性的政治协商，因为任何逐利的企业或自利的国家，都不会主动放弃自己的化石能源储量。不过，四个乘数中的任一乘数取得进展，都会使一个更具雄心的全球减排协议变得更为可行，前提条件是其他几个乘数不会随之反弹。放慢人口增速意味着全球碳排放预算将不需要被摊薄；不再把短期经济增长放在首位会使一个全球性减排协议在经济上更容易被接受；在清洁能源和能效技术上加大研发投资，将会使控制石油、煤炭和天然气在政治上更加可行，因为在能耗下降的同时，使用可替代的方式能够达到同等的效用。自下而上的进程，将有助于开启自上而下的行动。但仅做到这些是远远不够的。无论如何，我们都无法逃避、必须直面根本问题：那便是化石能源的开采和使用。

第三部分 是什么在阻止我们？

What's stopping us?

为什么让化石能源留在地下是那么的难？

第八章 核销

化石能源和相应基础设施的价值，将可能因为应对气候变暖而缩水。

在本书的第一部分中，我们看到了全球化石能源使用背后有着多大的推动力，以及我们必须以多快的速度让这艘“大船”赶快调转船头。在第二部分中，我们看到了全球社会经济系统如何让我们原本以为应该有所帮助的诸多努力付之阙如，或效果不彰。一个具有雄心的全球气候变化协议，可以通过设置全球碳排放上限、对化石能源的生产和使用征税（后面我们将详细讨论这些政策选择）等方式对全球化石能源的流动猛踩刹车。但是，在达成这样一个全球协议的过程中有太多阻力，因为许多企业、政府以及个人更关心的是他们会在这样的限制中失去什么，而不是协议本身会给全球气候变化带来什么。

那些实力强劲的化石能源开采国及企业拥有大量的石油、煤炭和天然气。如果一个雄心勃勃的全球性减排协议最终得以达成，那么这些储量中的很大一部分将面临核减或贬值。而工业企业、政府以及家庭拥有的工厂、汽车、锅炉和其他设备，这些都需要消耗化石能源才能运转。一些普通消费者已经过上了会造成大量碳足迹的生活，另一些人则对这种生活方式心怀向往。在这种生活方式下，人们会经常乘飞机旅行，或是享受低成本的商品和服务。这是一种需要消耗大量能源才能维持的生活状态，但人们并不在意。

如果全球领导人们共同决定，让化石能源以一定的速度逐渐退出，那么所有这些——以及全球经济的稳定——都将面临风险。鉴于这么多相关利益都处于风雨飘摇之中，多数政策制定者不愿意惹是生非，即便他们也认为全球社会正在日益靠近悬崖边缘。通过民选上台的政府担心被淘汰出局，而不是通过选举上台的政府则害怕其对权力的控制力遭到削弱。事实上，政策制定者们目前在控制化石能源使用上可谓一败涂地，更有甚者，很多国家还在对化石能源消费实施补贴。

在本章和下一章中，我们将详细探讨各种形式的阻力和抵制。我们会先讨论那些有形的阻力，比如，很可能在应对气候变化的过程中面临贬值的化石能源储量、电厂、汽车、锅炉、货车、工厂和企业；然后再探讨可能让我们却步的经济、政治以及社会层面的风险。

化石能源核销

环保人士有时会说全球对化石能源“上瘾了”。顺着这一思路我们发现：试图戒除“毒瘾”的努力，几乎全部集中在使用这些“毒品”的人身上，而不是生产它们并将其投放市场的“毒品贩子”们身上，这着实令人吃惊。的确，个人和企业常常被要求改变自己的习惯、放弃使用化石能源，而供应网络上的大部分核心角色（即那些拥有所有这些石油、煤炭以及天然气的公司和国家）却被忽略了。这种现状必须得到改变，因为全球化石能源企业，以及它们价值高昂的碳氢化合物资产，才是问题的关键所在。

在前面的章节中我们看到过，世界上已探明的化石能源储量中所含有的碳，早已远远超过足以将气候变化推至危险边缘的量。但是，许多公司花费数十亿资金，用于勘探更多的储量，建设更大的产能，以提高自己的萃取率（rate of extraction）。通常，这些公司都是受到关心“储量替代率”（reserve replacement ratios）的机构投资者的驱使。最新分析显示，到 2020 年，石油生产能力将会增加 1800 万桶 / 日，这相当于在不到十年的时间中增长近 1/5，是 20 世纪 80 年代以来增长最快的时期。[1] 但是，石油增长仅仅反映了部分问题。国际绿色和平组织（Greenpeace）最近的一份报告把 14 个将在未来几年内投入运营的大型化石能源项目的潜在碳排放合并到一起，报告发现，到 2020 年，仅仅这些项目的排放就足以将全球碳排放量推高将近 1/5。如果再往前展望至2050年，这14个项目向大气层倾泻的温室气体，差不多相当于300吉吨二氧化碳当量。在前边的章节中，我们曾讨论过在气候变化方面人类准备承受的不同风险，以及每种风险对应的碳预算。300吉吨约为剩下的全球碳预算的1/5到一半不等。[2]

不管是有意还是无意，全球化石能源企业及其机构投资者们似乎都将希望寄托在我们无法解决气候变化问题这一假设上。有时候，他们对此表现出的坦率态度令人吃惊。石油巨头英国石油公司（Britain Petroleum，简称BP）在其被广泛引用的“2030年前全球能源趋势预测”中，就根本不看好我们减排的速度足以将全球变暖幅度控制在2摄氏度这一想法，认为失败几乎是一个无可回避的结局。[3]

石油、煤炭和天然气储量的价值，是解决全球气候变化最大的单一挑战。一个货真价实的全球减排协议将会使很大一部分储量分文不值——至少在碳捕获技术成熟之前将是如此。或许更为重要的是，由此带来的需求下降，或对生产附加的额外成本，都将会使最终确实被开采出来、投入使用的那部分储量的利润率下降。这是一个非常重大的挑战。如果你了解一下全球化石能源储量对于那些拥有它们的政府和企业意味着多少财富，你就能理解这一挑战的严峻性，以及核销资产的潜在规模。

想要对核销资产的潜在规模有点概念，一个很简单的办法就是看看目前的能源价格。目前，每桶石油的价格约为100美元左右，以此推算，仅目前被列为探明储量的约1.7万亿桶石油，其总价值就将超过1700万亿美元。[4]让我们用更加直观的方式来说明一下这一庞大的数字，它比全球两年的GDP总量还要多，相当于全球每人分得差不多2.5万美元。如果再加上天然气、煤炭以及更多潜力可观的非常规储量，这一数字翻倍甚至翻三倍也并非难事，也就是说相当于全球5~10年的GDP总量，或者全球每人分得5万~10万美元。

但是，这种计算方法太过简略，甚至可以说令人绝望。销售现有化石能源储量获得的大部分收入将于接下来几年或几十年到手，一个常规的经济评价方法将要求对其进行折现，因而价值将有一部分折损。[5]更为重要的是，化石能源价格上下浮动，其市场（尤其是石油市场）被卡特尔、补贴以及税收所扭曲。尽管新的技术，比如美国开采页岩气的水力压裂技术，会使一些地区某些能源的价格上涨趋势受阻，但随着时间的推移，价格仍将趋于上涨，尤其是在没有为解决气候变化问题做出足够努力的情况下，价格上涨的趋势将会持续下去。我们不知道能源价格高到什么程度的时候人们才会停止购买化石能源，我们也不知道可再生能源和核能究竟会以多快的速度削减化石能源的消费。此外，我们还需要考虑非常规化石能源储量，以及开采成本，即建设并运营矿山、矿井和管道的花销。尽管中东石油价格中几乎全部都是利润，但其他地方的利润率通常要低很多。

将所有这些变量和不可知因素都囊括其中的一个办法，就是以股票市场作为一个指引。根据一个名叫碳追踪行动（Carbon

Tracker Initiative）的环保团体的计算，按照 2012 年 12 月的股价测算，在全球股票交易市场上市的前 100 名煤炭企业、前 100 名石油企业和前 100 名天然气企业的总价值约为 4.6 万亿美元。[6] 据投资人介绍，这仅仅是这些企业的净价值。这些价值中的约 1/10 与矿业或金属冶炼等非能源活动有关，剩下的约 4 万亿就是我们提到的与能源相关的大致资产价值。[7] 后面我们将会看到，这些估值似乎都基于一个广为流传的假设，即他们所有的储量都将会被开采、利用，化石能源企业的生意一切照旧。

不过，全球化石能源储量中的碳，上市公司仅占其 1/4。多数煤炭和几乎所有的石油和天然气归属于政府。[8] 为了便于讨论，我们假设投资者们对化石能源公司的估价完全基于其探明储量的规模，一桶石油或一吨煤炭的价格，不管归属于谁，其价值都是相同的，那么全球煤炭的总价值约为 2 万亿，石油和天然气的总价值约为 33 万亿。[9] 考虑到私营企业的估值不完全基于其储量规模，还要考虑其他资产，包括其咨询、贸易等专业技能的水平等，实际数字可能要低很多。另一方面，实际数字也有可能会高很多，因为政府持有的石油储量往往都是最易于开采的储量，因而利润也最为丰厚。[10]

没有人能够确切地说清楚，减排努力究竟将会导致多少化石能源财富被核销。它取决于各种因素，从未来碳捕获技术的成本，到在全球范围内达成共识的碳预算规模。但是，正如我们会在后文中看到的那样，最近一些分析显示，即便世界接受升温超过2摄氏度的概率达到50%（即前面讨论过的"一次抛硬币"模式），并加大碳捕获的力度，全球领先的一些石油公司仍将失去其近一半的价值。这就意味着，全球气候谈判中面临核销风险的化石能源资产，对于其所有者来说，很可能价值数十万亿美元之巨。（为便于比较，这里提供一个数字，"网络泡沫"破灭期间，纳斯达克上市公司的市值蒸发了5万亿美元。[11]）而且这一数字还没有将政府可能因为在其国土上开采的油气量下降而需要免征矿产税，以及更为广泛的经济"涟漪效应"考虑在内。我们将在下一章中讨论这一问题。

化石能源在哪里、属于谁？

我们尚未看到关于化石能源所有权的深入研究，甚至很难获得不同国家的"碳储量"（carbon reserves）数据。这着实有些令人吃惊，因为这些对解决气候变化问题的政治努力至关重要。我们只好根据BP的《世界能源统计年鉴》（Statistical Review of World Energy）列明的煤炭、石油和天然气的探明储量，自行估算其碳含量。[12] 尽管由此得出的数字不能完全反映各国的碳储量，因为大多数非常规化石能源都未被计算其中，但是，从中短期来看，如果全球达成共识、严格限制化石能源使用的话，那么探明储量还是能够让人们基本了解哪个国家的家底最厚、因而损失可能也最大。结果反映在图 8-1 中——图上每个国家的面积都根据其探明碳储量作出了调整。

地图扭曲的程度反映出世界化石能源的分布是多么的不均衡。前 10 个储量最大的国家，分享了将近 3/4 的世界总储量，

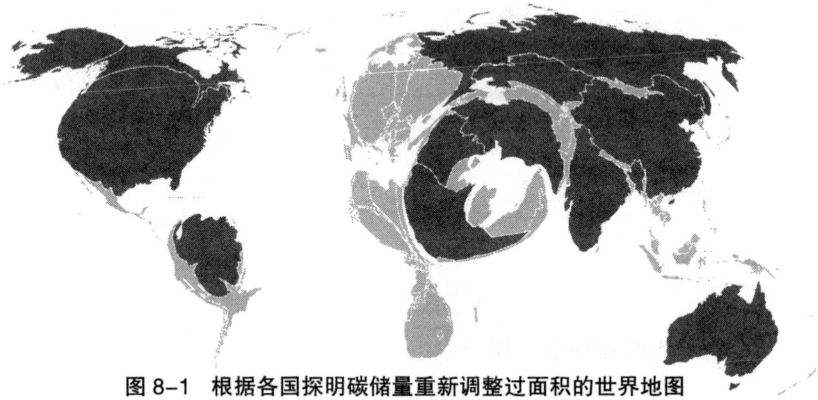

图 8-1 根据各国探明碳储量重新调整过面积的世界地图

注：所谓探明碳储量，是指每个国家在使用探明化石能源储量的过程中可能排放的二氧化碳量。排名前十的国家在图中以黑色标注。[13] 可能储量和非常规储量则未包含在内。

表 8-1 总碳储量和人均碳储量排名前十的国家

国家	总碳储量（单位：GT CO_2）	国家	人均碳储量（单位：吨 CO_2）
美国	513 GT（17.8%）	卡塔尔	35,997
俄罗斯	450 GT（15.6%）	科威特	16,909
中国	245GT （8.5%）	土库曼斯坦	10,251
澳大利亚	165GT （5.7%）	澳大利亚	7,380
委内瑞拉	137GT （4.8%）	阿联酋	7,167
伊朗	133GT （4.6%）	哈萨克斯坦	5,197
沙特阿拉伯	128GT （4.5%）	委内瑞拉	4,745
印度	128GT （4.5%）	沙特阿拉伯	4,677
加拿大	91GT （3.2%）	利比亚	3,601
哈萨克斯坦	85GT （2.9%）	俄罗斯	3,176

但其国土总面积还不到全球陆地面积的一半。我们在地图上对这10个国家做了突出显示。

对照上述两张图表，密切关注过近几年全球气候谈判的人会立刻发现，那些化石能源储量最大的国家，恰恰也是对全球气候谈判最为抵制的国家。美国根本就没有批准《京都议定书》，而且迄今为止未在国家层面采取过任何实质性的减排措施；加拿大批准了《京都议定书》，但是却在最后一分钟宣布退出；俄罗斯对《京都议定书》摇摆不定，最近则试图从全球碳市场中牟利；尽管通过谈判获得了一个允许其增加排放的目标，澳大利亚还是在推迟了好多年之后才批准了《议定书》（不过最近澳大利亚似乎表现得更加积极，或许原因之一是气候变化已经很明显了）；沙特阿拉伯和中东国家通常都被视为顽固分子；中国在2009年抵制了发达国家减排目标；印度和委内瑞拉在2011年甚至对气候框架模糊方案也表达了强烈的反对。透过化石能源储量这个棱镜看过去，如果全球采取强力行动实施碳减排的话，上述这些国家都有大量实实在在的资产面临风险，因此它们的上述态度和立场都不值得大惊小怪。然而奇怪的是，其中的因果关系很少被讨论，而且也从未得到过深入的研究。

与以上现状形成对比的是，那些极力推动全球气候协议的国家和地区，都是没有太多碳储量的国家和地区，这也是不争的事实。迄今为止，针对实现全球气候协议的最强呼声来自欧洲、非洲以及小岛国联盟（the Alliance of Small Island States，简称

AOSIS）。正如图 8-2 所示，这些国家仅控制了很小一部分全球化石能源碳（fossil-fuel carbon)。还有一个主张积极推动实现全球气候协议的声音来自一个名叫卡塔赫纳对话会（the Cartagena Dialogue）的相对松散的联盟，其成员包括来自大西洋、南美洲以及亚洲的诸多国家。即便将其考虑在内，将所有支持全球气候协议的国家控制的探明碳储量加在一起，也不足全球总量的 1/5。[14] 有趣的是，英国虽然有着全球最为雄心勃勃的长期减排目标，但如果按照其现有的开采率，英国人将在 7 年内采完所有的石油、4 年内采完全部的天然气、20 年内采完全部的煤炭。[15] 英国的经济也异乎寻常地依赖于从中国或其他地方进口的商品和其他物资。这两方面结合在一起，意味着对英国而言，设置一个雄

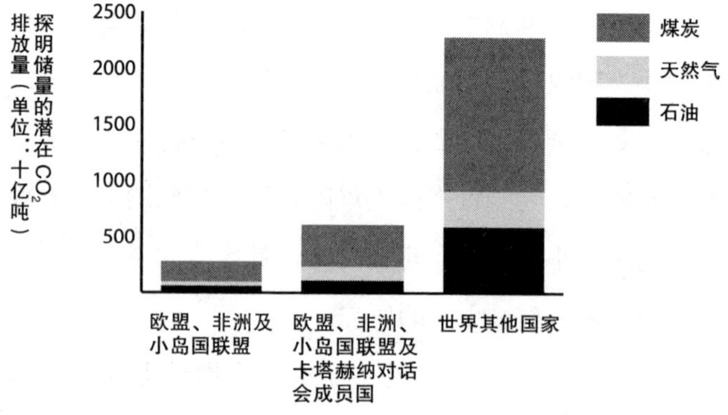

图 8–2 全球探明储量的潜在 co_2 排放量占比图

注：极力推进全球气候协议的地区（包括欧盟、非洲及海拔较低的岛国）仅控制全球 1/10 的探明储量的化石能源碳。即便将卡塔赫纳对话成员国考虑在内，也只占总量的 1/5。

心勃勃的减排目标并不意味着会失去什么。

前面的讨论只是围绕化石能源的储藏地展开的。那么究竟是谁真正拥有这些化石能源储量呢？正如前文中提到的，像 BP、壳牌和皮博迪（Peabody）这样的大公司，拥有全球探明储量碳的约 1/4。另外的 3/4 则被国家化石能源企业控制，其中有些企业可谓“巨无霸”，让私营的化石能源企业相形见绌。这些国家化石能源企业包括最大的石油公司，比如沙特阿美（Saudi Aramco）和伊朗国家石油公司（National Iranian Oil Company）；最大的天然气公司，比如卡塔尔石油总公司（General Petroleum Corporation）和俄罗斯天然气工业股份公司（Gazprom）（尽管是上市公司，但其过半股份由俄联邦持有）；还有最大的煤炭企业，比如中国神华能源（Shenhua Energy）和印度煤炭（Coal India）。而且，政府通常也是尚未开发的化石能源储量（比如在海底被发现的油气资源）的默认所有者。企业和政府之间的所有权各自占比，不同能源种类各不相同。按照国际能源署的统计，政府持有的煤炭差不多占到总量的 2/3，而天然气和非常规石油则占到近九成之多。[16]

反过来，又是谁持有政府和这些公司的资产呢？对于上市公司来说，答案非常清楚：股东。但是这并非链条的最后一环，因为尽管一部分股份由个人投资者持有，但大多数股份仍掌握在类似养老基金、保险公司和零售基金（retail funds）等机构手中，其中很多都设在距离企业上市的交易所数千公里之外的国家。[17]

确实，许多养老基金对化石能源企业尤为感兴趣，因为这些企业倾向于支付可靠的分红。相应的，这类机构也有自己的所有人，并且要对自己的顾客（也就是那些有养老金计划、保险单、储蓄或投资的人）负责。换句话说，任何在全球社会有金融投资的人，都是化石能源储量的部分所有者。

股票市场有个“碳泡沫”吗？

如果解决气候变化问题会让化石能源产业面临一场严重的经济威胁，那么一个不可回避的问题是，对石油、煤炭和天然气公司的估值是否过高？换句话说，全球股票市场是否存在一个“碳泡沫”？这一问题最早因前述的碳追踪行动小组 2011 年发布的一份极具影响力的报告而引起广泛关注。[18] 该报告的目的就是提醒政策制定者和投资者们注意，已在全球范围内被明确提出的 2 摄氏度控温目标，与石油、煤炭和天然气企业的市场价值之间日趋增长的张力。

报告显示，仅仅全球前 200 名在各国证券交易所上市的化石能源企业，其拥有的探明储量碳就足以产生大约 7500 亿吨的二氧化碳——倘若我们想尽可能避免 2 摄氏度的温度升幅，这大概是我们可以排放的二氧化碳的最大总量。但请注意，我们就只能使用这些能源，而且这 200 家公司还要放弃其可能储量以及地质储量，同时，沙特阿拉伯、委内瑞拉、中国以及其他拥有国有化石能源产业的国家，均要奇迹般地于明天不约而同地决定停止开采其化石能源储量——他们的储量甚至要远大于那些上市公司的储量。这就意味着，如果我们想要成功解决气候变化问题，许多上市公司及其投资者都可能会陷入麻烦之中。那么，化石能源股是不是新的次级抵押贷款（**sub-prime mortgages**）？这些“有毒”资产对于全球金融系统，是不是如同它们对于生态健康一样，是种威胁?

我们已经清楚地知道，石油、煤炭和天然气的储量远远超过我们能够安全使用的量，但这并不能证明泡沫的存在。也许那些购买化石能源股票的投资者早已准确地预测到，世界不可能成功减少碳排放；或者他们认为碳捕获技术将会得到大幅改进，从而在很大程度上排除核销化石能源资产的必要性；又或者，他们可能主要只对一个短期的时机框架感兴趣，在这种情况下，收入现金流或许比一个公司储量的长期潜在趋势更为重要，一些分析师声称，对于煤炭企业来说尤其如此。

这些都只是可能性，但许多投资者对于全球碳预算的概念似乎完全不了解，更别提弄清楚这样一个预算对于每个化石能源企业究竟意味着什么了。正如碳追踪行动小组在报告中援引的一位投资者的话：“油气产业的估值依然假设他们可以将所有的探明储量和可能储量全部从地下开采出来并投入使用。”更为重要的是，麦肯锡（McKinsey）和碳信托（Carbon Trust）的分析表明，多数化石能源公司的价值都基于其营收，但他们现有的营收水平不可能维持超过 10 年，因为到那个时候，任何成功的气候变化协议都会对石油、煤炭和天然气的使用构成严重制约。汇丰银行（HSBC）的一项最新的报告则认为："我们怀疑在这个问题上，市场的估值方式存在失去价值的风险。"[19] 投资者们仍然鼓励或者允许企业每年投入数百亿美元去开启更多的储量，这一事实似乎证明了市场的失灵。

这里又出现了一个问题，如果世界最终围绕全球碳预算达成共识，那么我们究竟应该使用谁的化石能源？谁的资产将会遭到核销或者贬值？奇怪的是，迄今为止这个重要的问题得到的关注极为有限。常识告诉我们，如果只能使用全球探明碳储量的一半或者 1/4，那么毫无疑问，我们将更偏爱石油，特别是天然气，而不是煤炭，因为油气燃烧时每排放一个单位的碳，将产生更多能量。另外一个将煤炭首先抛弃的原因是它主要用于发电，而电力最容易通过可再生能源和核能获得。（然而，当我们走笔至此，煤炭企业依然在全球各地的股票市场上浮动，它们的 IPO 招股说明书完全回避了它们的储量是否真的能够得到利用这一问题。）但从另外一方面考虑，石油主要用于汽车，而燃油汽车不会比煤电厂存在更长时间。所以，我们很难预测在一个碳排放控制方案中，石油和煤炭将会如何平衡。

我们将在一个低碳世界中采用怎样的能源组合？优先使用那些开采起来既方便又便宜的储量，似乎是合理的假设。拿石油来说，对于阿联酋或者沙特阿拉伯而言，也许问题不大，因为他们将原油从地下开采上来的成本不过几美金一桶。但是对于那些生产成本高的国家和私营公司来说，就很可能是个糟糕得多的消息。

汇丰银行的一项最新研究表明，对于欧洲公司来说，核销“未利用（燃烧）”的储量应该不是什么大不了的事，因为相对而言，那些将被弃置不用的储量都不具有太高的价值。根据该项分析，BP 的损失可能在 6% 左右，不过其他一些公司的敞口可能要大一些，比如挪威国油（Statoil）的损失就要达到 17% 左右。但这仅仅是一部分影响而已，那些更具价值的储量的利润率将会下降，这才是更大的损失。情况究竟怎样发展，将取决于全球气候协议是如何架构的。按照现有模式（即每个国家都有责任主动提出并达到自己的碳减排目标），一个严谨的气候变化应对方案将大幅减少对进口石油的需求。这将压低全球贸易价格，即便终端消费者支付的燃料价格，也可能因为国家征收的碳税等而比现在更高。[20] 汇丰银行的分析师们相信，即使碳捕获与封存技术快速发展，这些依然会给化石能源产业带来“实质性威胁”。一旦考虑到这一点，BP 的价值受气候法规影响的幅度将超过 40%。正是基于这一背景，在规划未来能源情景时，BP 未将应对气候变化作为一种可能性。[这并不意味着他们的工作人员没有考虑这一问题；正如一位资深油气行业专家最近所说的那样，在国际上大的石油公司里，根本就“不存在气候变化否定论者（climate deniers）”。]

尽管“碳泡沫”真的很大，但我们尚不清楚它是否会对全球股票市场构成巨大的金融威胁。一个应对气候变化的成功努力，肯定会让化石能源企业损失惨重，这却是再明白不过的事了。这一“实质性威胁”不仅有助于解释气候变化地缘政治，也让游说反对碳排放法规、为自己的意图笼络政治支持成为化石能源企业们理所当然的选择。在解决气候变化问题各方面都至关重要的美国，这是一笔相当大的交易。根据美国政治捐献数据库（Opensecrets database）的数据，仅 2012 年，个人及与油气行业相关的政治行动委员会（Political Action Committees，简称 PACs）向美国各类政治候选人、政党的捐献就达到 7000 万美元之巨，向 795 名政治游说者资助 1.49 亿美元。煤矿业在捐款、游说上的花费分别达到 1300 万美元和 1800 万美元，而作为煤消耗的主力，电力行业在这两方面的花费分别为 2200 万美元和 1.45 亿美元。总之，那些在化石能源领域持有大量投资的企业，他们在这方面的花费，远比倡导可替代能源要多一个数量级。[21] 正如我们将在下一章看到的那样，许多化石能源企业也试图努力削弱公众对气候变化问题的关注，以减少自身损失。

如果将碳回注地下，我们可以避免这场核销吗？

在应对气候变化的过程中，避免核销化石能源储量的一个方法，就是设法在化石能源使用后，将使用过程中产生的碳注回地下。实现这一目标的标准方法，就是所谓的碳捕获与封存，即通过一系列新兴技术，从电厂或工业设备产生的废气中分离出二氧化碳，并将其永久地注回地下的封存地点，如盐水层或废弃的油井、气井。原则上来说，碳捕获与封存技术，可能最终会被用于电厂、钢铁厂和水泥厂等大规模排放源，以避免其碳排放。但这项技术不适用于机动或小型排放源，比如汽车、卡车和家用热水器等等。就燃料类型而言，这种技术可以用于捕获煤炭使用过程中产生的大量碳排放（如大型煤电厂）、天然气使用过程中产生的一定规模的碳排放（既包括大型电厂，也包括住宅及办公场所使用天然气过程中产生的碳排放），以及石油使用过程中产生的小规模碳排放（主要用于交通工具和其他小型设备）。

一些环保人士反对这一技术，或至少对其态度不甚积极，原因在于这项技术尚未经过实践检验，并存在潜在风险——它分散了社会对于可再生能源的注意力，或是成为继续使用化石能源的一个障眼法。这些担忧都有其合理性，但现实情况是，除非我们看好让化石能源永存地下的前景，否则我们不能选择拒绝这项技术。更何况，在未来几年内，碳捕获与封存技术的快速发展和运用，可能会有助于减少与那些煤炭、天然气储量丰富的国家开展全球贸易的恐慌。石油储量丰富的国家将不会因此受到直接影响，正如我们在第三章中看到的那样，如果碳捕获技术足够低廉，可以被用于煤炭、天然气利用领域，那么我们可能就会相对安全地使用大量剩下的石油。而且，擅长钻井和管道技术的富油国家，将会处在主导全球碳捕获与封存行业的优先位置。

其他情况下，碳捕获与封存的各类要素已经得到广泛认可。在全球范围内，已经有数百处将二氧化碳注回盐水层或油井的试点。颇为自相矛盾的是，通常而言，这样做是为了帮助从油井里挤压出最后一滴油，尽管在挪威的斯莱普内尔气田（Sleipner gas field），将碳注入地下封存起来是因为要执行国家的气候变化政策。各种渠道都有大量的证据表明，液态二氧化碳可以被安全地封存在地下，几乎没有明显的泄漏。[22] 工程师们也擅长使用化学溶剂从其他气体中分离二氧化碳，以及在新建的需要使用煤炭的工厂采用其他替代技术——例如燃料气化、纯氧燃料，结果可能会使成本更加低廉。[23] 不过，那样的话，会使得管道系统的设备造价攀升，但也算不上特别麻烦的一件事。

尽管该技术的多项要素几近成熟，并已进行了大量小型试验，但还没有一家商业规模的碳捕获与封存工厂建成投产。因为类似这样的项目，不仅涉及工程技术方面的问题，同时还掺杂着经济、政治等方面的问题。随着美国和英国的一些旗舰项目被取消或被搞砸，迄今为止，大部分国家政府对类似项目的支持仍然缺乏热情，三心二意。[24] 同样，虽然目前有许多试验项目及其他试验正在进行之中，但业内人士承认，广泛运用这一技术至少还需要 10 年时间，要想让碳捕获与封存技术成为全球能源体系的重要组成部分，可能还需要更长的时间。[25] 这一问题的关键在于，要想让碳捕获与封存设备拥有市场，完全依赖于政府法规——必须由政府出台法规，直接或间接要求电厂安装并使用。即使免费安装，也没有电厂自愿使用这些设备，毕竟经营者们以追逐利润为首要目的，而碳捕获过程需要耗费大量能源，这样会减少电厂的盈利。尽管长期来看，存在形成巨大市场的潜力，但除非政府通过出台法规，人为制造出一个市场，否则大部分主流投资者仍将继续视碳捕获与封存技术为瘟神。正因如此，迄今为止，这项技术的进展仍然相当缓慢。

当然，一旦达成一份全球碳协议并予以实施，大量的额外投资将会进入碳捕获与封存领域。而随着全球就碳预算达成共识，电力企业和煤炭企业将别无选择，要么实行碳捕获，要么放弃他们的电厂和储量。但这又让我们置身于进退两难的困境——因为如果碳捕获与封存技术没有经过实践检验或快速发展，那么这样一份全球碳协议就很难达成。很明显，对于那些真正想解决气候变化问题的政府来说，这是一个很好的机会，他们可以以更快的速度推进碳捕获与封存技术，从而让整个问题的解决更为顺利流畅。

即便付出更大的努力，我们也不应该对广泛运用碳捕获与封存技术的难度抱有不切实际的幻想。仅仅封存当前化石能源使用过程中排放的二氧化碳的1/5，就需要一个能够每天加工、处理、封存2700万立方米的液态二氧化碳的庞大工业体系——2700万立方米这一体积，相当于当今石油行业每天处理的液体流量，而石油工业足足用了100年方达到目前这一规模。[26]

从空气中提取碳

一个解决化石能源核销问题的更彻底的方法，就是开发新途径，直接从环境空气中大规模提取二氧化碳。如果能以可接受的成本和可控的能耗做到这一点，那我们就可以清理大型工业企业以及小型排放源（比如汽车、家用电器等）排放的二氧化碳。原则上来讲，我们甚至可以让时光倒流，让之前的碳排放，回归原处。

目前，有很多种从空气中捕获碳的拟议方案。其中最简单的一种，就是在装备了碳捕获与封存装置的传统电厂，使用可持续收获的木柴或生物燃料（与煤炭掺烧）。鉴于新生的树木会从空气中吸收碳，所以从原则上来说，这一方法有可能使电厂的碳排放为负。最近，伦敦帝国学院格兰瑟姆研究所（Grantham Institute at Imperial College London）的专家们在一篇最新的、盘点空气碳捕获技术的文章中指出，这一方法或许是众多选项中成本最低的方案，其大规模捕获碳的成本可能低至 59 美元 / 吨，尽管最高成本也可能达到 111 美元 / 吨。[27] 然而，这一方法的总贡献，将会受到可用木材量的限制，当然，还会受到碳捕获与封存技术的发展和采用方面的限制。

空气碳捕获的另一途径，涉及延展机器——通常被称为“碳洗涤塔”（carbon scrubbers）或“人造树木”（artificial trees）——就是利用塑料聚合物或其他物质与空气发生作用，以直接捕获其中的二氧化碳。鉴于全球大气层快速流动混合，洗涤塔可以设在最佳位置，用以长期封存碳，这样就不必新建大规模管道网络设施。这一模式的领衔倡导者是哥伦比亚大学的物理学家克劳斯·拉克纳尔（Klaus Lackner），根据他的估算，类似这样的人造树木，可以以每吨100美元左右的成本从空气中捕获碳——最终成本可能还要低很多。[28]然而，迄今为止，大量从事类似空气捕获技术研究的公司，仍在挣扎在募集资金的痛苦阶段，尚未看到大规模的类似设备投放使用。[29]

除此之外，从空气中捕获碳，还有一条完全不同的技术路线，就是使用农业技术加快土壤中有机物的形成。尽管数个世纪来，农业的发展、建筑的增多和野生生物的灭绝，造成了土壤退化和沙漠化，但是，地球最上层一米厚的土壤中有机物所含的碳，要比大气中二氧化碳的碳含量多得多。倘若土壤中的碳含量每年有一个小幅增加，那将意味着能清理掉大气层中大量的二氧化碳。在这方面，诸多途径都有望发挥作用，其中包括免耕农业法（zero-tilling farming，只种作物不耕地）、掩埋木炭、利用庄稼的秸秆或木材生产生物炭（biochar）。事实证明，上述途径均可以封存碳（而且封存的潜在规模还相当大），并让土壤更加肥沃。当然，迅速得到关注的土壤储碳法（soil-carbon approach）就源于这样一种思路，即通过精巧的设计来模仿非洲野牛以及牛羚等群居动物对环境的影响，形成一种独特的放牧技术，用于恢复世界上大面积退化的干旱土地。[30]这一领域的关键人物是艾伦·萨弗瑞（Allan Savory），数十年来，他都致力于寻求扭转沙漠化的方法，其应对之道就是向已经退化了的土地引进牲畜。这一想法的基本逻辑，就是试图让动物们以野生群体的形式在其天敌的追赶下，自由流动迁徙，随意啃啮，但又不会过度，从而确保整个生态系统能够健康持续地存续下去。这种方法使土地得到再生，也产生了另外一个作用，让土地成为一个“巨型碳泵”（carbon pump）。[31]

不是所有人都相信，土壤储碳的方法能够得到大规模应用，足以改变削减化石能源使用的需要。2009 年，英国皇家学会发表的一篇有关地球工程选项（geoengineering options）的述评中认为，土壤碳捕获技术“在小规模使用的情况下……可能有用，尽管其经济上的可行性、社会及生态上的可持续性，仍然有待进一步确认。”[32] 然而，在萨弗瑞看来，他的土地管理学院已经演示了这项技术的可行性，如果扩展范围足够广泛，此举可能会使地球大气层中的碳还原到工业化以前的水平，同时还会大幅提高全球粮食生产水平。[33] 他声称，让“全球大量牧场的土壤”中有机物质的含量增长 2%“相当容易”，这样的话，既可以解决沙漠化问题，又可以封存 2880 吉吨的二氧化碳当量——约等于全球已被证实的化石能源储量。[34] 尽管他声称，一个伟大的壮举很容易就要被实现了，但其看法尚未得到任何主要的立场独立的科学研究报告的支撑，因为尚不能估计数十亿牲畜将产生多少甲烷，而甲烷同样会导致全球变暖。但是，即便萨弗瑞的看法只有部分是正确的，他的计划也可能会对廉价地解决气候变化问题带来重大的影响。

我们急需开展更多的研究，投入更多的资金，用于推动各种各样的碳捕获技术，不管它们的技术含量是高是低。倘若拉克纳尔、萨弗瑞等人的观点证明是正确的，那么在解决全球气候变暖这一问题的过程中，以及化石能源核销规模最小化过程中，他们提出的方案都将发挥关键性的作用。然而，非常清楚的是，世界不能屏住呼吸、静等碳捕获拯救地球的那一天。正如格兰瑟姆研究所报告总结的那样，发展这些技术非常重要，但这种发展“不应该成为一个借口，不能因此而拖延全球为有效减排而做出努力的进程。”

基础设施核销

石油、煤炭和天然气储量价值巨大，但有价值的远不止这些能源。我们也投入了大量的资金，用于建造电厂、高炉、汽车、卡车、拖拉机、飞机、锅炉等设备，并用这些设备燃烧所有的化石能源。久而久之，基础设施会自然地老化，但眼下，我们新建的速度远比它们折旧的速度要快。结果是，倘若不让大量的基础设施提前“退休”，或者至少通过提高其使用成本来降低其价值，那么我们很快就不可能将碳预算水平控制在安全范围之内。我们将在后文中为大家具体说明。

基础设施问题非常重要，因为它会为企业、政府以及市民抵制气候变化立法提供经济驱动力。他们在基础设施领域投入的资金越多，失去的也就越多。对于一家拥有煤电的企业来说，如果碳税让它的利润下降，它甚至可能面临破产；对拥有油井所有权的政府来说，如果开采某些储量不能赚钱，那就意味着风险敞口的存在；而对于刚刚花钱买了辆昂贵汽车的两口子来说，他们会抵制政府提高燃油价格的行为，因为一旦如此，由于使用成本的增加，这辆汽车的价值无疑会明显降低。

如同化石能源储量一样，我们无法确切地说，所有使用化石能源、带来碳排放的基础设施价值几何，但我们有一个约略的估计。国际能源署在其《世界能源展望 2011》中预测，到 2035 年，电力行业需要投资 17 万亿美元。这些投资一定包括了当今所有电力行业基础设施的全部价值。考虑到全球汽车工业每年的营业额为 2 万亿美元，而且全世界有超过 10 亿辆登记车辆，可以肯定地说，世界上所有机动车的价值与电力行业的价值应该是同一个数量级。[35] 看起来，目前的基础设施资产的价值，似乎应该低于化石能源储量本身的价值，但不一定低很多。

我们需要核销多少价值的资产？这要看我们何时达到这样一个点：即在基础设施的正常使用年限内，当我们拥有的基础设施造成的碳排放恰好超出安全的碳预算水平时，这些设施的数量。国际能源署对这个问题进行了探讨，并推测认为，按照有 50% 的概率避免升温 2 摄氏度测算，现有的基础设施（包括车辆、建筑物和能源工业）已经使我们消耗了2035年前允许的碳排放量的4/5。[36]另一项由斯坦福大学学者们开展的研究，也得出类似的结论。[37]乍一看，这些结果似乎很有希望，因为他们表明，如果我们现在不再建造新的电厂、车辆及其他需要化石能源方能运转的设备，而只使用现有的，或那些正在施工建设中的相关设施，直至其正常使用年限的终结，那么我们很可能就安然无事了。

当然，问题在于，我们仍在建造更多的基础设施。事实上，我们建造的速度比以往任何时候都要快。据国际能源署预测，按照目前的速度，如果按照“一次抛硬币”的概率测算碳预算，我们最快可以在2017年就建成2035年前所需的全部基础设施。而一旦达到这一临界点，我们每生产一台新的内燃机、汽车、输油管、井口、卡车或者锅炉，都意味着提前报废一台类似型号的装置。这将明显增加避免气候变化的成本。国际能源署估计，在接下来的10年里，我们每少投资1美元到低碳系统以促进转型，最终都要让我们再多花4.3美元，额外成本总计将达到数千亿美元。更重要的是，这还会给气候立法带来更多的经济方面的阻力。

那么，全球是如何来应对这个难题的呢？似乎是闭目塞听，采取“鸵鸟政策”。2012年底，世界资源研究所（World Resources Institute）的一份报告发现，世界范围内至少有1200家煤电厂正在计划建设之中，其中大部分计划建在中国和印度，小部分将建在50多个其他国家。据我们估算，倘若所有这些电厂都建成并投入使用，直至报废，仅它们造成的碳排放就占到剩余的全时碳预算的 1/3 左右，根据这一碳预算，温控目标很可能将不超过 2 摄氏度。[38] 与此同时，燃油车辆正在成倍增加。2011 年，全球生产了大约 8000 万辆轿车、厢式货车和卡车等依靠汽油或柴油驱动的车辆，与 10 年前相比，大幅增加了 42%，而且丝毫没有下降的迹象。[39] 化工项目、锅炉、拖拉机以及其他化石能源基础设施的数量似乎也都呈现相似的上升趋势。加上所有现有的基础设施，很显然，如果全球不能快速改变这一现状，或寻求可靠方法捕获大气中的碳，那么需要核销的资产很可能将极为庞大。

碳锁定的三个层次

大规模的基础设施，例如电厂、高炉，是降低碳锁定的关键所在，因为这些设施将被使用很长时间，而它们的排放量占了碳排放的一大部分。一辆使用汽油的车辆出厂后，一般要行驶 10 年至 20 年左右的时间；一座新的煤电厂投入使用后，通常要运行 30~40 年。[40] 鉴于此，对全球而言，眼下非常重要的是尽一切努力限制使用寿命较长的化石能源发电厂的建造速度。每新建一座电厂，都会增加碳排放，并且会在未来产生新的企业说客，这些说客们阻碍气候变化进程，以避免他们的出纳员不得不核销他们的资产。

车辆问题非常重要，尤其因为汽车是世界上大部分选民在化石能源基础设施领域投资的主要资产。数十年的经验表明，对于政府来说，能源价格的快速增长（几乎可以肯定，这是由具有约束力的全球气候协议造成的）在政治上相当困难。因此，世界收紧新车燃油效率标准的速度越快，越多的政治空间就会被拓展出来，以降低当前及未来化石能源的使用。

车辆问题非常重要的另一原因在于，制造车辆还要有完整的二级基础设施，包括工厂、零部件制造商，甚至生产制造机器的工厂。国际能源署的分析中没有考虑到这些非常重要的问题。今天的汽车厂商们还在计划、建造新的工厂，以生产更多的汽油车和柴油车。为了避免损失，这些厂商可能需要持续生产数十年。与此同时，一旦汽车走下生产流水线，它们又会被持续使用10年、20年。所有这些，要么将造成碳排放的增加，要么将造成额外的资产核销。

基础设施封锁也不会仅仅停留在工厂层面。另一层面的锁定，即存在于建筑环境之中，且该层面的影响将更为深远。每一处与当地便利设施间的距离超出步行范围的住宅，或者每一处道路基础设施，其建设都是以有足够用于私人交通工具的能源作为假设前提的。每一座机场的建设，也都是以航空燃料消费增加为前提的。也许有一天，所有这些额外的能源需求最终都可以被无碳能源（比如，供汽车使用的可再生电能，或者供飞机使用的以藻类为原料的生物燃油，等等）满足，但即便如此，也只会使通过低碳方式满足能源需求这个本来就十分巨大的挑战变得更难应对。

问题在于，这个锁定会一直持续到什么地步。因为现有的大部分住宅、办公场所、机场以及其他建筑物的设计使用寿命都将持续到 22 世纪。但大部分政府却忽略了这一点，他们允许或委托建造了新的项目，而这些新项目则会进一步增加碳曲线的弹性。在未来 5 年里，仅仅中国就计划筹建 70 座机场，还要引进 2000 多架飞机。[41]

废弃和改造基础设施

虽然我们废弃化石能源基础设施的速度是一个引人关注的重要话题，但确实需要针对“锁定”这个概念，进行一个简短的、有益的提醒，因为它意味着，一旦某处基础设施建成并投入使用，那么我们会一直使用这套设施，直至其报废。事实上，在许多情况下，改造可能是非常实用的选择，无论是改造煤电厂的碳捕获系统，还是用木材制成纤维素乙醇，并以之作为传统汽车的燃料，甚至利用空气、水及可再生能源制成液体燃料。[42]即便无法做到上述这些，也还存在着自愿提前让设备退役的可能性，尽管提前退役的成本高昂，但并非无法做到。在任何一个城市垃圾场我们都会看到，人们一旦认为旧电视机、电脑及其他工具不再讨人喜欢，就会毫不客气地将其当废品扔掉，哪怕这些东西远未达到使用年限。从一个更高的角度看，最近，中国关闭了不少小型煤电厂，代之以更为高效的大型煤电厂，它们不会像原有的那些小型电厂那样，对当地的空气质量构成太大的危险。

还有另外一种可能性，就是对基础设施进行改造。在第二次世界大战期间，世界各地的工厂仅在很短的时间内就制造出截然不同的产品。因此，也许生产传统汽车的汽车厂商可以经过改造，转而生产电动汽车，甚至生产碳捕获设备。确实，在一些情况下，可以将化石能源基础设施充作他用，因为如果在未来，石油、煤炭和天然气的获取日趋不便，那么毫无疑问，继续使用这些基础设施将变得很不经济。1981 年，位于伦敦市中心泰晤士河岸的巨大燃油电厂关闭了，究其原因，就是化石能源价格上涨，该工厂无力承受而被逐出市场。我们知道，那座建筑物现在已成为泰特现代美术馆（Tate Modern）——世界上参观人数最多、最受欢迎的现代美术馆。同样，在工业革命的中心地带，曼彻斯特的“黑暗撒旦磨坊”（dark satanic mills）现在已经成为理想的办公场所和公寓。曼哈顿的高线公园（The High Line），则是用两英里（约 3.2 公里）多余的空中轨道改造而成的一座城市公园。世界上的许多运河也都经历过类似的改造。

尽管如此，化石能源基础设施仍是一个非常关键的问题，因为国际社会投入到车辆、工厂及其他需要石油、煤炭和天然气才能得以运行的建筑物等相关领域的资金越多，限制化石能源供应的阻力就越大。解决这个问题的关键在于，政策制定者们要发出削减碳排放的明确信号，并立即行动起来。而且诸多领域的参与者也在提供帮助：金融分析师们可能强调投资化石能源基础设施的风险；投资者们可能会注意到分析师的建议；环保人士则可能通过奋力争取，促成新建工厂和新车碳排放标准的提高，目的只有一个，就是为了让未来的基础设施有一个更低的碳锁定；规划者们和政府则可能维持一个适合于低碳世界的整体环境；市民则可能各有各的诉求。

第九章 增长之辩

解决气候变化问题会否对GDP增长造成打击？这一点是否很重要？

化石能源和基础设施的拥有者们，将从石油、煤炭和天然气使用量的持续增加中获得利益。能源之所以价值不菲，是因为全球的人们和机构们为之创造了一个市场。年复一年，全球的消费者、企业和公共机构，在化石能源上花费了数万亿美元。有时，这样做是为了维持浪费能源的生活方式，比如使用油耗巨大的机器、露台取暖器，或进行碳足迹漫长的航空旅行。正如下面的图表所示，化石能源也为我们的工厂、医院、往来通勤、学校、农场、卡车，甚至互联网提供能源。我们社会生活的方方面面，几乎每一件事都会留下碳足迹。

全球大部分人（包括大部分新闻工作者）花费在担忧化石能

源价格上涨上的时间，要远远超过花费在担忧碳排放上升上的时间。所以，无怪乎政策制定者们在采取任何可能减少化石能源供应的措施时都会感到紧张不安。就算石油、煤炭、天然气企业等利益相关者可以被安抚，但富足、有品质的生活方式却会处于危险之中，而站在这种生活方式背后的便是那些坐在权力高位上的人。

因此，如果政府雄心勃勃地要解决碳排放问题，那我们的经济状况和生活方式将会怎样？如果我们快速限制化石能源使用，就像 20 世纪 70 年代石油危机中发生的那样，就像一些政策制定者们和环境保护者们设想的那样，那么 GDP 会崩塌吗？或者，如果像“绿色增长”（green growth）的支持者们说的那样，化石能源让位于低碳能源，并快速提高能源效率，那么经济还会继续保持增长吗？如果上述这些危及经济增长，那又将对人类福祉产生多大的影响呢？

对于这些问题，人们持有截然相反的两种观点，每种观点都在支持者的心目中根深蒂固。许多人认为，增长是一个社会健康和幸福的基础，这一点不容置疑；另外一些人则认为，这一概念乃是全球气候危机的核心之所在，希望将其从政策制定过程中清除出去。

表 9-1　英国按类别划分的碳足迹

服务 -27%	碳足迹（千克 二氧化碳当量 / 人）
政府、国防等	830
财政、法律、学术	240
餐馆、酒吧、酒店	600
建筑	920
健康服务	430
教育	250
其他服务	500

驾车（包括汽车制造）-15%	碳足迹（千克 二氧化碳当量 / 人）
驾车上班	419
驾车上学	96
驾车拜访朋友	458
驾车购物	276
驾车度假	490
其他目的的驾车	322

家庭用电 -9%	碳足迹（千克 二氧化碳当量 / 人）
电脑、电话等	128
电视、淋浴、小型工具等	199
烧水	173
洗衣	111
冰箱（冷藏和冷冻）	168
取暖	149
烹饪	73
照明	186
洗碗	44

购物 -12%	碳足迹（千克 二氧化碳当量 / 人）
DIY 和园艺产品	480
家用电器和小型工具	270
报纸、书籍、纸制品	140
家具和装修	190
衣服、鞋和包	200
其他	370

家庭天然气和石油使用 -13%	碳足迹（千克 二氧化碳当量 / 人）
烧水	512
中央供暖	1222
用天然气烹饪	36

乘飞机度假 -8%	碳足迹（千克 二氧化碳当量 / 人）
短途飞行	451
长途飞行	716

公共交通 -3%	碳足迹（千克 二氧化碳当量 / 人）
乘火车	68
乘船	125
长途大巴、公交车和出租车	192

供水与排污 -2%	碳足迹（千克 二氧化碳当量 / 人）
家庭供水	40
家庭污水排放	279

注：单位为每人每千克二氧化碳等价物。以上数字包括所有受管制的温室气体，且考虑了进口和出口的货物（但森林砍伐未被包括在其中）。[1]

增长的极限

关于资源不足的讨论是一个长期的话题，它的内涵十分广泛。其中，对气候变化和经济增长的讨论经常陷入困境。几十年来，环保主义者倾向于认为，当能源和资源被耗尽，经济增长最终将被迫停止。这一观点首先出现在罗马俱乐部（Club of Rome）于1972年出版的《增长的极限》（Limits to Growth）一书中，并自那时起开始广为流传。在该机构看来，建立一个“在有限的地球上实现无限增长”的经济系统，这一想法具有内在的缺陷。因此他们认为，需要重新建构资本主义的内在工作机制，以实现经济的可持续增长。

对上述观点持怀疑态度者则认为，在可预见的将来，资源会非常充裕。高能效、无穷的可再生能源或者核能，将为更先进、更有效的技术提供动力，我们能实现未来几十年或几个世纪的经济增长。在资源存在局限性的地方，可以重复使用有限的物质，甚至从太空获得资源（谷歌创始人近期资助了一家公司，目的就是探索在小行星上开采金属矿物、并带回地球的可能性[2]）。随着气候的变化，自然资源的局限性并不是一个问题。事实上，恰恰相反，我们可以得到的化石能源，远比我们能够使用的要多得多。所以，问题不在于我们会不会耗尽资源，而在于能否将经济增长和有目的地减少资源的消耗这二者协调起来。

这是一个十分重要的问题，因为增长是我们的政治、经济系统的食粮和空气，没有了增长，政治、经济系统将无法生存。GDP 是全球最具威力的标准，也是大众和媒体评价政府的最主要标准。全球的政策制定者们这样说道：当热心于减少碳排放、保护地球时，他们不想以牺牲经济增长作为代价。美国总统奥巴马也表达了这一观点，2012 年 11 月，他终于在气候变化问题上打破长期沉默，声称只要不会危害经济增长，他领导的政府会减少碳排放。[3]

我们将回到这一问题：GDP 是否是一个衡量人类进步的恰当标准？鉴于我们对于增长的追求如此根深蒂固，我们最好认真思考这样一个问题：应对气候变化是否会使增长处于危险之中？

应对或不应对气候变化如何影响增长？

自从货币出现以来，全球经济几乎在不断地增长。但正如我们在第六章中看到的那样，随着能源的利用，增长遇到了瓶颈。这带来两个重要问题。第一，在快速减少排放以应对气候变化的同时，有没有可能保持全球能源供应的不断增长？第二，如果努力减少碳排放、稳步减缓或者停止能源使用量的增长，我们能否使经济全然不受影响、继续保持增长？

没有人能够简明扼要地回答这些问题。经济学家能通过模型分析作出预测，但在对未来的气候情况进行模型分析时，我们会遇到很多不确定性。首先，我们既不知道可再生能源、核电以及碳捕获和封存技术最终会有多便宜，也不知道它们能以多快的速度走向量产。其次，我们不知道在未来会有怎样的技术去生产、节省、储存或者运输能源。在十年多一点的时间里，技术的发展速度有时会出乎意料，互联网革命就是一个很好的例子。而很重要的是，如果可替代能源的供应量不能随着经济的发展而相应增加，我们不知道，经济对能源总供应量的持续减少会存在怎样的敏感性。我们既不知道，如果全球能源供应遭到限制，在国家间交易的能源价格会走向多高，也不知道如果这样的情形发生，谁的能源消费会发生改变。最后，我们既不知道，如果化石能源企业评级下降，会有多少万亿美元的价值在股票市场蒸发，也不知道需要在其他领域增加多大的价值以弥补这些损失。

解决气候变化问题将付出怎样的代价？如果不解决这一问题，我们又将付出怎样的代价？2006 年出版的《斯特恩报告》（Stern Review）是解答这两个问题的首次重要尝试。该报告是英国政府委托世界银行前首席经济学家尼格拉斯·斯特恩（Nicolas Stern）先生完成的。现在，该报告仍是这一领域的杰出研究成果，尽管其结论从一开始便极具争议。报告吸收了不同研究机构的一系列模型，评估了努力减少碳排放对全球 GDP 的影响。[4] 预测的平均值是，相对于没有出现气候变化，或者对气候变化视而不见，应对气候变化会导致全球 GDP 在 2050 年减少 1 个百分点。几年后斯特恩称，他相信由于碳排放的不断增加，以及碳排放研究成为一个极为紧迫的问题，减少两个百分点可能会更实际。但两个百分点还是一个很小的数字，相当于损失年度经济增长的1%，这简直是微不足道。

然而，斯特恩做出的许多关于减少碳排放的成本和阻力的假设却都是倾向于乐观的。而且，他没有关注到化石能源核销的相关问题。自从报告出版以来，碳排放呈加速增长之势，而不是放缓。因此，就目前的情况来看，减少碳排放、避免温度上升2℃，将面临更多困难。2011年，凯文·安德森（Kevin Anderson）和爱丽斯·鲍斯（Alice Bows）在一篇论述详细的论文中称，为了将温度上升幅度控制在2℃，全球碳排放需要在发达国家从2016年开始、在发展中国家从2020年开始，每年减少5~6个百分点。[5]如此速度的减排，除了在经济衰退时期出现过之外，可谓是前所未有，也几乎没有被政策制定者或主流分析家认真对待过。在此语境下，一些评论者，比如安德逊和鲍思他们自己，得出的结论是"只有放弃经济增长，实现一段时间的计划性紧缩——至少暂时如此——才可能避免危险的气候变化"。其他评论者，比如经济学家提姆·杰克森（Tim Jackson），也同意这一观点，并指出事实上迄今为止，并无历史证据表明全球有能力将碳利用与经济增长分开。[6]

但这一证据并不十分清晰。以前，全球从未试图逐步淘汰化石能源。还有大量来自国际能源领域的主要研究机构［如国际能源署和国际应用系统分析研究所（International Institute for

Applied Systems Analysis）] 的更为乐观的评估，它们称随着政治意愿变得足够强大，完全可以按要求以足够快的速度提高能效，或是全面开发可再生能源、核能、生物质能和碳捕获与封存技术以替代化石能源。考虑到不建设新的化石能源基础设施也可节省一大笔费用，这样做的成本虽不低廉，但可能也不至于十分昂贵。据国际能源署估计，根据下图显示的情景模式，如果要既能够满足未来能源需求，又能够把将全球气温升幅控制在 2 摄氏度范围内的概率维持在“一次抛硬币”的概率范围内（即一半的成功机会），那么在接下来十年里，全球需要在能效提升和能源生产上，每年额外增加 160 亿美元的投资，到 2035 年每年投资额将增加

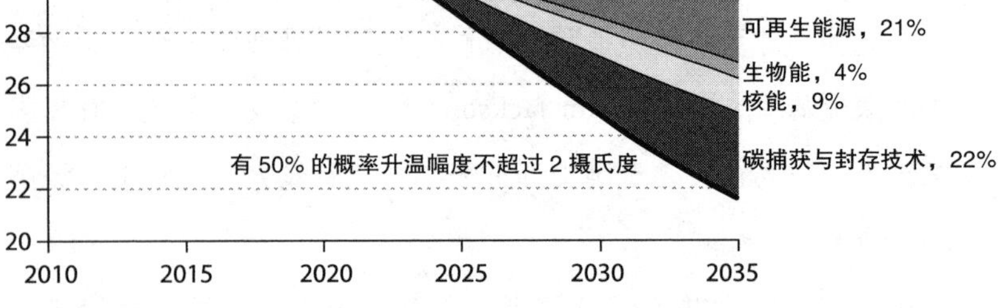

图 9–1　情景分析模型

注：该模型显示了相对于已经宣布的减排水平（上线），要达到需要的减排水平（底线）可能需要怎样的技术和能效。

到 1.1 万亿美元。[7] 尽管这一金额相当庞大，但还不至于拖垮全球经济，况且，这些资金也会有助于刺激新的工业。

如果不在全球范围内采取一些限制化石能源使用的措施，那么这些预测不可能成为现实。原因在于前文中探讨过的“挤气球效应”。但是，只要全球采取应对措施，这些就会成为现实吗?这是一个开放性问题。这不仅与前面列举的种种技术和经济的不确定性有关，与全球绿色政策设计的精妙程度有关，还取决于我们究竟在多大程度上拥护这样的政策。关于公共意见如何至关重要，“向陆风”（Onshore wind）是个很好的例子，它能准确反映公众立场是多么关键。向陆风是全球大部分地区最便宜的清洁能源，但很多社区常以影响美观为理由，阻挠风机的架设。与此类似，许多人带着令人无法理解的理由，反对核能或碳捕获与封存技术，如同我们将会在后面看到的那样，许多能源专家相信，上述反对意见会使得这项工作更为困难。

综合上述所有理由，我们仅仅知道，采取雄心勃勃的全球性应对措施将会对经济产生什么影响。如果全球行动足够快，政策制定者也能赢得公众支持，那么全球经济持续增长与碳排放按要求稳步减少，这二者似乎很有可能是彼此相容的。甚至于，在低碳基础设施上进行大规模政府投资，很有可能会帮助许多国家千疮百孔的经济重新焕发生机。毕竟，这种事情过去曾经发生过。最著名的案例发生于罗斯福新政期间，当时正值 1929 年经济大萧条之后，大量公共建设项目帮助减少失业，刺激了美国经济增长。但是，尽管“绿色新政”是一个很有吸引力的主意，应该受到热烈的欢迎，但在化石能源领域核销几万亿美元的资产、全球每年减少碳排放超过 5 个百分点（在发达国家要加快些速度），这些做法依然很可能导致经济增长放缓，或者经济短期内出现通缩，尤其是在整个社会不能很快地接受可替代能源的情况下。在前 50 年中，几乎所有全球性的大规模经济衰退，都发生在原油价格大幅攀升之后。记住这一点，可能有一种发人深省的作用。

即使从全球层面上看，经济能很好地度过这场风暴，那些严重依赖出口或使用化石能源的国家也可能出现严重萎缩，原因是失去出口收入或者生产成本增加。如果一个全球碳减排协议缺乏广泛的公众支持，对于俄罗斯、澳大利亚、中国、美国和沙特阿拉伯等这些富碳国家（carbon-rich nations）的领导人们来说，将会存在巨大的政治风险。

当然，我们需要将逐步快速淘汰化石能源造成的 GDP 风险，与不采取行动带来的风险进行比较，尽管不确定性依然很大。据《斯特恩报告》估计，未经控制的全球变暖将造成全球 GDP 的缩水，幅度为 5% ~ 20%。然而，这些数字本身存在问题，就连斯特恩本人也承认，他写作时是带着一种“警示和谦恭”的态度来看待这些数字的。毕竟，如果全球变暖失控，完全可能会毁掉整个人类社会，毁灭全球大部分物种。目前，还没有人能够准确量化这种情景发生的可能性，哪有什么经济模型能够对这样的情景进行任何有意义的评估？

即使我们能够准确预测灾难性气候变化的代价及其未来影响，还有一个客观且重要的问题，我们应该如何对这些代价进行折现，以体现我们通常关注眼前胜于未来的倾向性？从某种程度上来说，对相关代价进行折现是一个常识问题。但是，作为一种决策，它就具有重大的哲学意味了——它与我们究竟是更看中自己，还是更看重我们的孩子以及我们的子孙后代这个问题密切相关。[8]

GDP 增长究竟有多重要、多诱人？

无论是否能够在逐步淘汰化石能源的过程中继续保持 GDP 增长，我们都面临这样一个问题：究竟在多大程度上确实需要 GDP 增长？而对于这一问题，也存在着截然不同的两种观点。关于“GDP 作为社会进步的衡量标准存在缺陷”这一观点的著述可谓汗牛充栋。即便在传统经济学的术语中，GDP 也不过是一种衡量物质生活标准的相对原始的指标，其原因在于，它过于关注生产而非家庭消费，而且它不能反映收入分配的缺陷。如果要把 GDP 看作衡量人类幸福程度的一个更广义的标准，那它就有着更为复杂的缺陷。大量研究表明，一旦平均收入增长达到一定水平，那么超出这一水平的继续增长，与每个人的平均生活满足感、客观福利指数，比如预期寿命、信赖、肥胖、家庭稳定性和谋杀率等，均不存在直接相关性。[9]

在较贫穷的国家，富足程度的增加确实与健康和幸福感的提高密切相关。但是对所有国家而言，过度关注短期 GDP 增长都存在一个根本的局限性：那便是今天的所得，可能成为明天的所失。正如“绿色增长”的倡导者迈克尔·雅各布（Michael Jacob）所指出的那样：“当过度捕捞导致鱼类数量下降，或者过度耕种导致土地贫瘠，或者砍伐森林而不重新种植树木……尽管由此得到的收入会被计入 GDP，但‘自然资本’（natural capital）的损失却被忽略了，而正是它才能为未来带来可持续的收入”。在全球变暖这个问题上，“自然资本”是指一种能让人类社会兴旺发达的友好天气。

基于上述原因，我们很清楚的一点是，短期 GDP 作为衡量人类进步的标准，存在诸多不足。正如管理大师们很久以前就指出的那样：“可以被衡量的工作才能被完成（what gets measured gets done）”。[10] 如果此言不虚，那么关注与我们当前及未来生活质量更为密切相关的一些指标，似乎既能增进我们的福利，又能实现可持续发展。尽管没有理由假设，短期内一个低碳社会比一个化石能源社会在福利上得分要更高一些，但至少，通过更好的指标体系，我们将会追求更紧要的事情。关于气候变化，不管我们做什么，这些紧要之事都有意义。

喜马拉雅的小国家不丹是强烈推进这一理念的国家。该国近年来被世界媒体广泛关注，就是因为其采用了完全不同的衡量指标：国民幸福指数（Gross National Happiness）。该指标被用于反映“我们人民的和平与幸福、国家的安全与主权”。[11] 一些西方政策制定者也在同一方向上谨慎地迈出了步子。2008年，时任法国总统尼古拉斯·萨科奇（Nicholas Sarkozy）就授意一组重量级经济学家成立专门委员会，由诺贝尔经济学奖获得者约瑟夫·施蒂格利茨（Joseph Stiglitz）担任主席，对替代性经济指数开展研究，撰写报告。委员会最终得出的结论认为：“我们需要改变现有的评价系统，要从衡量经济生产，转为衡量人们的幸福，目前这一时机已经成熟。”[12] 在英国，首相大卫·卡梅伦（David Cameron）指示英国国家统计局（the Office for National Statistics，简称ONS）更加努力评估国民的幸福，从而给“国家做得怎么样”这一问题附上更多有意义的标签。[13] 在学术界，主流经济学家们也在探索新的衡量标准，比如“列示资产和负债的国家资产负债表”，其用意就是要确保每一代人传递给下一代人的收入产出的潜能，和当代人享有的一样多。[14]

这些都是充满希望的说法，能够为那些因采取行动应对气候变化而导致GDP增长放慢的社会创造条件，帮助这些社会中的人们增加幸福感，减少焦虑。但是，这类新的评价方法需要得到认真对待。它们需要获得GDP曾经拥有的权力——迄今为止，它们尚未获得这样的权力。比如在英国，就在国家统计局发布其首个详细的幸福调查的当月，授权开展此项调查的首相却发表声明称，他希望每一个政府部门都成为“增长部门”。为了表明他并非戏言，他撤换了交通大臣，为在希思罗机场建设一条新跑道扫清障碍（这一行动可谓是对其先前的环境承诺来了个180度大转弯），同时又让英国的财政大臣与其他G7国家的财政大臣一道，呼吁石油输出国组织（OPEC）为全球经济产出更多的原油。[15]

因此，尽管关于替代性指标的说法正受到越来越多的关注，但是短期GDP还是占据首要的政治优先地位。虽然在发达经济体，GDP增长的好处已经不那么明显了，但情况仍是如此。可究竟是为什么呢？部分原因在于一个简单事实：GDP已经深深地植入了我们所有机构的机体，从财政部和董事会会议室，到新闻编辑室。但还有一个事实，经常被GDP的批评者忽视或轻视，那便是尽管更多的增长并不总是带来更多的幸福，但是缺乏经济增长，却会引发各种问题，比如失业率升高，比如用抵押贷款购买的房屋被银行收回，且大部分痛苦都由社会中最贫穷、最脆弱的群体来承担。这些问题本身就需要得到解决，任何一个对影响经济增长的政策进行深入思考的政府都会视此为巨大的政治障碍。历史表明，不管是一个在任的、寻求连任的民选政府，还是一个寻求巩固其政权基础的非民选政府，一个稳定增长的经济几乎总是会增加其成功的机会。

除了政治焦虑之外，还有一点要明白，那便是即使经济持续增长，公众也可能会抵制哪怕是很小的生活方式的调整，而为了应对气候变化所采取的严肃措施，很可能会带来生活方式方面的调整。比如说，减少排放要求我们接受电动汽车而放弃燃油汽车，或者接受更为昂贵的机票价格。我们可能需要容忍更多的风力发电场、更多的核电站；或者允许在我们尚不够密封的房子里装上隔热设备以让房屋更加节能，这会使室内或外墙看起来不那么漂亮。尽管这些本身并不可怕，但政策制定者们知道，公众会用怎样的方式抵制变化。只要稍稍看一下媒体上报道的公众骚动即可知一二：不节能的电灯泡被逐渐淘汰，这样一件几乎一定能促进经济增长的好事情，仍然受到了激烈的、几乎可以说是过分的抵制。

对化石能源的核销、经济下行、适度的文化变化，对上述这些现象的恐惧感集合在一起，在许多国家已经引发了政治瘫痪的状态。即便那些原则上想要对气候变化采取严肃行动的政策制定者，也被短期的、潜在的冲击所吓倒。面对这样的政治瘫痪，除了妥善处理公众压力之外，别无其他路径可循。

第十章 全球麻木不仁

为什么我们不能对气候变化问题更热心一些？

鉴于应对气候变化面临政治和经济方面的障碍，如果全球公众没有对气候变化问题警觉起来，并努力采取行动，那我们依然不大可能找到解决问题的办法。然而，迄今为止，公众对于气候变化问题的漠不关心，却恰恰成为最为引人注目的问题。仅有一小部分人，他们深深担忧全球变暖，正在努力呼吁做出改变，或者以身作则试图引导人们，但我们中的大部分人，从船夫到总统，还是表现得似乎不太在意。不过尽管如此，大体上来说，我们现在已经接受了科学对全球变暖问题做出的判断。

本章将简要地分析一下阻止我们采取行动的心理和社会障碍。这些障碍无疑是最易于被忽略，却又是气候变化问题最为关键的因素。通常情况下，人们都是从科学、技术、政治和经济的角度来看待气候变化问题的。如果全球公众感到在应对气候变化问题上已然热情澎湃，他们自然会改变自己的行为，并通过投票的方式来表达自己的关切。如果有必要的话，他们甚至会走上街头。在绿色环保问题上倾注更多精力的政府在作出困难的决定时，会觉得自己享有充分的公众授权。化石能源的游说者仍然会抱怨投诉，但他们无法同广泛的公众压力相抗衡。

因此，就我们自己、我们的社会、问题的本质而言，究竟是什么让我们集体进入梦游状态，进入如此危险的境地？

一个无法相信的问题

如果你想要制造问题，引起混乱、怀疑和盲目的改弦更张，那么你很难找到一个比气候变化更好的事情了。气候变化是由我们无法看到、闻到或者尝到的气体集结引起的，通过本质上无法预测，且极为多变的天气和气候系统表现出来。尽管我们已经看到它带来的影响，但没有哪一次洪水、哪一次干旱或者哪一次风暴，能被确切地归因于气候变化。学术界需要利用超级计算机去计算气候变化的风险发生了多大的变化，而且因为这一科学计算的细节是如此复杂，充满了如此多的不确定性，即便学术界也并不能断言什么。

气候变化问题原本已经极为抽象，而让其更为抽象的一个事实是，它带来的最危险的影响将发生于距现在有许多年之遥的未来某天。在我们发觉气候已变化到足以让全球为之震惊、为之警醒的程度之前，我们会经历几十年情况不断恶化的过程。并且，到那一天来临之时，要想阻止失控的全球变暖，恐怕将为时已晚。这就像蘑菇中毒：当你知道自己已经中毒之时，毒性已深入你整个身体，到了那个时候，你已经无能为力了。除非毒性易解，有历史经验可供借鉴，并且中毒对于我们个人而言只是个临时性威胁。然而，恰恰相反，人类活动导致的气候变化极为复杂，而且史无前例。它最严重的影响，将由那些我们无缘相见的人——也就是未来几十年后的人——来承受。

气候变化问题是集抽象性、复杂性和长期不确定性于一体的混合体，它给予人类思维以足够的回还空间，让人们回避或选择忽视那些令人感到不安的事实——就某些方面而言，我们可能天生就会采取这样的对策。虽然我们倾向于将自己视为理性动物，但我们更易于接受任何令人感到舒适、开心的事物。我们喜欢那些符合我们现有世界观的观念；我们乐于相信朋友们所相信的事情；我们中的大部分人乐于相信未来美妙无比。心理学家们，比如诺贝尔奖获得者丹尼尔·卡尼曼（Daniel Kahneman），几十年来就一直在记录我们思维中的这类系统性的“偏见”。[1]

一个明显的例子是我们倾向于作乐观思考。《乐观的偏见》（The Optimism Bias）的作者、神经科学家塔利·沙罗特（Tali Sharot）认为：“越来越多的科学证据指向这一结论，即进化已经让乐观主义成为人类大脑的一部分。”[2]大量研究支持这种主张，即人们天生倾向于低估负面结果（比如离婚或者罹患癌症）出现的可能性，同时，高估中彩票、拥有天才儿女、职业上取得杰出成就或者长寿等正面结果出现的可能性。沙罗特和其他专家认为，乐观地看待事物有助于缓解压力，增进健康，但也会让我们易于选择消极等待，并希望得到最好的结果，而实际上做出这样的反应可谓毫无意义。

此外，从前的环境问题通常都没怎么费劲就得到了解决，这又进一步强化了我们对未来抱有玫瑰色想象的天性。很多国家的政府已经治理了臭氧层和酸雨。从前，环保主义者以及和平主义者们害怕原子能技术会导致全球核浩劫，然而这样的后果并未出现。由于农业和科学领域的创新，托马斯·马尔萨斯（Thomas Malthus）做出的“食物生产将永远无法跟上人口增长”的预测最终被证明是个错误。尽管所有这些的危险性和复杂程度与气候变化不可同日而语，但是，先前所谓的危机要么只是少数人的夸大其词，要么在人类的努力下被成功避免，因而我们觉得全球变暖最终会有其解决之道。实际上，有许多曾经声称气候变化根本子虚乌有的人，他们现在更喜欢将那些关注气候变化问题的人称之为“新马尔萨斯式的贩卖恐慌的人”（neo-Malthusian scare-mongers）。

应对气候变化的另一个心理障碍是我们倾向于做短视主义者。当亚伯拉罕·林肯俏皮地说：“未来好就好在它一次只来一天”时，他触及到了一个关于人性的真理：我们发现考虑今天和明天的事，远比考虑几个月、几年或者几十年后的事要容易得多。一些进化生物学家指出，这种短视主义与我们乐观主义的倾向一样，已经成为人类大脑的一部分。理查德·道金斯（Richard Dawkins）曾经写道：“可持续发展问题的唯一解决方法是长期的视角，而长期视角是达尔文主义的自然选择理论所不包含的。”[3]这不一定会成为一个无法逾越的障碍：即便道金斯也承认，人类大脑“非常善于克服其最终极的程序编码”，但这需要更多额外的付出和创造性思维。世界未来委员会 (World Future Council) 最近提出一个别出心裁的主意，就是在国家或国际层面任命“后代监察使”(ombudspersons for future generations)，其职责就是代表那些尚未出生，或者太年幼而不被认真对待的人，为他们争取空间。[4]

然而，也许应对气候变化问题最严重的心理障碍，是人类的这样一种特性：我们倾向于以一种支持我们现有的价值观、见解和社会团体预期的方式来解读事实。从很大程度上说，这一特性 [有时被称之为“确认偏误”（confirmation bias）] 才是人们抵制气候变化科学的真正原因。举例来说，对持自由论政治观点的人来说，认为全球变暖并不危险很容易，因为这样就可以避免承认需要政府采取规制措施。与此类似，对消费者来说，相信气候变化会在政治层面得到解决也是有好处的，因为这样一来，我们就可以继续像往常一样搭乘航班、开车、购物……而不必面对这些行为背后的道德内涵。

确认偏误对争论的方方面面都起作用。不管出于何种原因，对于那些对现代资本主义崩溃论（modern capitalism imploding）或者所谓大自然让人类回归本源等观点感兴趣的人来说，气候变化是一个具有吸引力的概念。但这是无益的，因为这意味着一些人对谈论气候变化问题充满热情，他们带着一丝喜悦，或者是以之作为更广泛的政治叙事的一部分（更不用说频繁出现的事实性错误了）。而对于那些抱有相反直觉的人来说，这无疑成为进一步的证据，使得他们更加坚持自己的立场。这样一来，原本需要以开明的态度来进行的讨论，最终却充斥着极端化的态度，参与讨论的各方甚至变得更加偏激，对证据的解读也更具倾向性。最近的一项研究表明，人们的文化和政治价值观念甚至会决定这样一些事情，比如：我们是否注意到或者承认本地气候模式已经发生变化。[5]正如经济学家 J. K. 加尔布雷斯 （J. K. Galbraith）指出的那样："如果需要在改变自己的思想和证明没必要这样做之间做出选择的话，几乎每个人都忙着寻找证据去证明后者。"[6]

即使我们不逃避事实，气候变化的抽象性也让我们很难对其有感性认识。从智利的矿工到拐卖儿童事件，全球的媒体和大众被一些个体故事所吸引，即便我们与牵涉其中的人素不相识。但是，气候变化却以多变和复杂的方式，对几乎每一个人都产生影响，因此，它难以拨动人的心弦。（因此，毫不奇怪，在线宣传组织经常会发现，与那些清晰地界定了恶棍和受害者的、更具强烈感情的主题相比，通过电子邮件来讨论气候变化问题的参与率总是低得多。）人们会努力感知自己在某件事情中发挥的作用。比如：人们可以想象到，看见某个人在自己面前被杀死或者受伤是可怕的。带着这种想象，多数人在开车时总是小心翼翼，因为他们知道车祸是什么样子。这种想象会激发一种情感反应，于是放在油门上的脚会放松下来，好习惯因此而得以强化。但是对人们来说，从当前或是未来世界数以亿计的生命中减去极少数一部分，却只是一个非常模糊的概念。如果这些生命的消失是由我们购买的所有商品和服务背后那纷繁复杂、乱作一团的供应链导致的温室气体释放所引起，那就更是如此了。

总结这些不同的心理障碍，耶鲁大学的安东尼·莱丝洛威茨（Anthony Leiserowitz）就气候变化问题这样写道："（气候变化问题）与我们潜在的心理极为契合，你几乎设计不出一个比它更坏的问题。"[7]从这个角度而言，这些障碍本身就是一个大问题，但更糟糕的是，它们也为卑劣伎俩大开门径。

暗中破坏

全球有价值几十万亿美元的化石能源及与其相关的基础设施，应对气候变化将会让拥有这些财富的公司和个人面临失去财富的风险。难怪其中的主要公司和个人会不惜采取任何手段来阻止应对气候变化的进程了。

几十年来，多数投资于仍然兴旺发达的石油、煤炭和天然气利用领域的人，都向游说团体、智库和公关公司投入大笔资金，他们的目的路人皆知，就是要让民众和政治家们（尤其是在美国）相信：气候变化问题根本就不存在；或者根本无关紧要；或者因为成本高昂，根本不能得到解决。这种暗中破坏有许多种不同的形式：利用电视广告和广告牌进行大规模宣传；试图影响课堂教学；甚至搞“伪草根舆论”（astroturfing）——让专业的公关人员假装成事不关己的普通网友，在网上的新闻和博客文章下面写评论。不过，几乎所有这些手段，都是刻意直击我们心理最柔软的部分。

游说者们很清楚，我们不善于应对不确定性，因此他们在一个方面尤为卖力，那便是让人们不再相信温室气体导致全球变暖的科学性。正如内奥米·奥雷斯克斯（Naomi Oreskes）和埃里克·康韦（Erik Conway）在他们《贩卖怀疑的商人》（Merchants of Doubt）一书中所记录的那样，这种方法与雇人来否定被动吸烟会引发肺癌、工业污染会导致酸雨、氧氟烃会造成臭氧层遭到破坏的做法，是一模一样的。[8]值得注意的是，那些反对就气候变化采取行动的、狂热的反规制科学家，恰恰也是上述运动极为重要的核心人物。在每一个案例中，他们的反对观点（而且通常并非专业观点）都会通过一个强大的、由企业资助的智库和游说团体形成的网络，得以无限放大。

20世纪90年代，能源和汽车企业通过诸如全球气候联盟

（Global Climate Coalition）之类的组织，公开寻求阻止气候立法。全球气候联盟极为成功地扭转了气候变化讨论的方向，以至于布什政府对其加以充分利用，让其在美国拒绝加入《京都议定书》过程中发挥了重要作用。[9]2002年，当这一组织最终关闭时，它声称自己毋庸置疑地“完成了使命”。[10]然而，化石能源企业不希望冒哪怕任何一点风险，许多化石能源企业（其中包括最为闻名遐迩的埃克森美孚公司）继续资助智库，以让他们唯其马首是瞻，随叫随到。这些智库包括竞争企业协会（Competitive Enterprise Institute）这样的机构，正是竞争企业协会在2006年发布了一个影响极为广泛的电视广告，声称冰川不是在萎缩，而是在增长，并这样描述二氧化碳，“他们称之为污染，我们称之为生命。”[11]时间更近一点，哈兰学会（Heartland Institute）（由美国石油公司科氏工业的所有者提供部分资金支持）更加离谱，他们甚至将相信气候变化的人与大规模杀戮者相提并论。该机构的广告牌上喷绘的是连环杀手的脸部特写，旁边配上“我仍然相信全球变暖，你呢？”这样的句子。哈兰的总裁约瑟夫·巴斯特（Joseph Bast）在同时举行的新闻发布会上说：“全球变暖最杰出的支持者不是科学家。他们是大杀手查尔斯·曼森（Charles Manson），是独裁者菲德尔·卡斯特罗（Fidel Castro），是爆炸杀手泰德·卡辛斯基（Ted Kaczynski）。拉响全球变暖警报的人包括奥萨马·本·拉登（Osama Bin Laden）和詹姆斯·J. 李（James J. Lee）。”[12]

几十年来，诸如此类的面向公众的宣传无疑对公众理解全球变暖构成了极大的危害。但相对于化石能源利益相关者与根深蒂固的政治派别之间狼狈为奸、沆瀣一气的情况来说，这类宣传简直不足一提。也许因为右翼的政治家更倾向于反对规制，提倡重商主义，他们通常是化石能源企业天然的、最心甘情愿的政治盟友。并且，当来自石油和煤炭的政治献金洪水般涌入右翼政党的口袋之后，一个反馈回路出现了：宣传献金的充足使反对气候变化问题的政治论调变本加厉，反过来又在保守的选民中造成更强的意识，使他们觉得“像我这样的人”要反对气候变化问题，从而进一步强化了政治论调，导致此前就谈到的本就两极分化的立场更加极端化，增加了人们改变立场的社会阻力。

金钱、政治和辩论紧密相连，导致美国共和党经常主动地代表其企业赞助商，扮演气候变化怀疑论散播者的角色。2003 年，在一份写给美国总统乔治 · W. 布什（George W. Bush）的、目前已经臭名昭著的备忘录中，总统战略顾问弗兰克 · 伦茨（Frank Luntz）露骨地写道：“现在，挑战气候变化科学的窗口期依然存在……如果公众认为科学已经得出了结论，那么他们对于全球变暖的观点也将随之改变。因此，在这场争论之中，你需要继续将科学上的不确定性看作首要问题。”[13] 一些政治家们甚至“走得更远”。美国参议院环境和公共事务委员会（Senate Committee on Environment and Public Works）原主席、现任委员的参议员詹姆斯 · 英霍夫（James Inhofe）就将全球变暖描述为一场骗局，将环保主义者与纳粹分子相提并论。而根据最新的统计，他从石油和天然气工业那里获得的竞选资金累计达到1414996美元。[14]

媒体与政客及其选民沆瀣一气，让气候变化和政治之间原本就日趋模糊的边界更加模糊。实际上，大多数直接扭曲事实的情况，都是由惯于危言耸听的媒体造成的。在美国，这样的媒体就包括福克斯新闻（FOX News），它是肖恩·汉尼迪（Sean Hannity）、格林·贝克(Glenn Beck)等评论员的大本营，前者声称"争论已经结束,根本就没什么全球气候变暖",后者则称"全球气候变暖是不值得相信的全球骗局"。[15]而在英国，《每日快报》（Daily Express）最近在头版刊登了整版文章，罗列了"气候变化是自然之事的100个理由"。[16]然而，即便高端媒体也经常刊登误导性材料，比如：《华尔街日报》（Wall Street Journal）的评论版、刊载于《星期日电讯报》（Sunday Telegraph）的"克里斯托弗·布克（Christopher Booker）专栏"、第4频道饱受批评的纪录片《伟大的全球变暖骗局》（Great Global Warming Swindle），等等。美国忧思科学家联盟（Union of Concerned Scientists）近期做出的一项分析发现，评论气候变化问题时，《福克斯新闻》在93%的时候存在科学性错误，而《华尔街日报》的评论版在81%的时候存在误导。[17]

主流媒体对可替代化石能源技术所持的态度也是惊人的消极。一项近期的研究考察了英国最受欢迎的严肃报纸和小报连续一个月的报道，发现超过一半的有关可再生能源业的报道持消极态度，仅有 28% 持积极态度。[18] 与此类似，为了更具娱乐性，在评论或特写环节，英国风行一时的汽车秀节目《疯狂汽车秀》（Top Gear）被发现两次伪造电动汽车电力耗尽的情景。[19]

更有甚者，化石能源企业们远不满足于智库、政治家和媒体等吹鼓手们做出的努力，他们还要亲自上阵，去强推自己的信息。《纽约时报》的一项分析发现，在 2012 年这一总统选举年的上半年，20 多个团体在“促进煤炭、石油和天然气开发，或者批评清洁能源的电视广告”上，花费超过 1.53 亿美元，而“为了给总统的用能记录作辩护，或提升全球变暖和大气污染问题的受关注程度，清洁能源支持者、奥巴马竞选团队和民主党则花费了 4100 万美元——上述 20 多个团体的花费是这一数字的 4 倍多。”[20] 那些推广化石能源的广告，通常用一种讨论常识的语调，谈论一些带有感情色彩的主题，比如必须保障国家能源安全等。最近美国石油研究所（American Petroleum Institute）发布的一则广告则干脆直言不讳：“新的能源税会伤及司机和家庭……最好是生产更多的能源，比如石油和天然气。这将有助于经济。对每一个人来说都是好事。”

一个多数人关心的问题

尽管气候变化带来的威胁具有抽象性，尽管存在上述形形色色的暗中破坏，公众对这一问题的关注程度正逐渐上升，即便在美国，拒绝气候变化科学的人数也在不断下降。当然，民意调查中，有关全球气候变暖的数字还是时升时降。比如说，2009 年哥本哈根气候大会上未能达成一致协议，当时，一部分外泄的邮件表明，一些气候变化科学家参与了阴谋勾当，导致许多国家对气候变化问题的关注度出现了下降。[21] 但总的来说，近年来的全球民意调查显示，多数人关注全球变暖，而且这一数字相当庞大，并且不断增长。

2010 年，易普索莫里（Ipsos Mori）开展的一项民意调查发现，全球几乎有一半人将气候变化作为世界面临的两到三个顶级挑战之一，将其与战争、恐怖主义放在同等位置，置于经济和贫困问题之上。[22] 同一年，皮尤研究中心（PEW）所做的一项调查显示，在印度和韩国有超过 70% 的人、在中国有超过 91% 的人，原则上愿意为减少碳排放而在能源方面多支付一些代价。[23] 这项以了解人们对气候变化风险的看法为目的、开展于 2012 年的调查，是迄今为止开展的有关这一问题的最大规模的调查。在调查结果中有一点尤为值得注意，那就是在新兴经济体中有 97% 的受访者、在发达国家中有 81% 的人表示他们“担忧”或者“十分担忧”气候变化。[24]

按照传统观点，全球民意调查的平均数会因为美国而被显著拉低，因为在美国，气候怀疑论更为常见，这很可能是因为大量来自化石能源领域的资金流入美国政治领域，从而导致全球气候变暖问题被视为一个左右翼的政治问题，而非科学问题。在前面提到的易普索莫里民意调查中，67% 的中国人将全球变暖视为一个主要的全球问题，但在美国这一数字仅为 22%。这一点十分重要，因为没有美国的认真参与，很难达成任何有雄心的应对全球气候变化的协议。倘若美国不认真参与，那么发展中国家将会理直气壮地拒绝限制化石能源的使用。不过，就在我们写作本章内容之时，美国人对于全球变暖的接受度正在上升，这似乎是一个由气候变化本身推动的趋势。[25]2012 年，美国经历了一个十分炎热的春季，这是前所未见的，而且温度增加幅度也打破了纪录。随后，美国中西部又来了一场毁灭性的干旱，大面积谷物颗粒无收，推高了食物价格。与此同时，北冰洋的夏季海冰也以前所未有的速度融化，这是一个新的低位纪录，它的到来时间比科学家们预测的要早好几个星期。所有这些与全球变暖是一致的——这一切就像是放置了一个球体，带着公众意见一起旋转。2012 年夏季，《华盛顿邮报》开展的一项调查显示，78% 的美国人认为如果不采取行动“全球变暖会成为一个严重问题”，55%~61% 的人们说政府和商业机构应该就全球变暖做“大量工作”或“相当一部分工作”。[26] 另一项调查显示，65% 的美国人支持“对二氧化碳及其他温室气体的排放采取强制性控制”。[27] 同年秋季，耶鲁大学所做的一项调查发现，74% 的美国人认为“全球变暖正在影响美国天气”，该数字从三月以来上升了 5 个百分点。[28] 所有这些发生在“桑迪”飓风来临之前。在总统选举的前几天，“桑迪”

飓风给纽约和东海岸带来前所未有的毁灭性打击，一下子把气候变化问题摆上了政治议事日程，这是近几年来的第一次。《布隆伯格商业周刊》（Bloomberg Business Week）在第一版宣布："这是全球变暖，傻瓜！"[29]面对每时每刻都在增加的可感知的影响，这些调查认为我们在对待气候变化的威胁时觉醒得太过缓慢。但是，总的来说，这仍然停留在"空表关心"的阶段：我们中的大部分人仍然不去要求政治家和公司采取行动，或者切实减少我们自己的碳足迹。因此，是什么让我们犹豫不前?

社会惯性

也许答案之一是这样的：人类是社会生物，我们采取怎样的行动，很大程度上取决于其他人正在做什么。正如社会心理学家们都喜欢指出的那样，火警大作之时，我们不是去寻找烟雾以决定是否撤离。相反，我们会看看其他人是否正在向出口跑去。曾有这样一个特别引人注意的实验：浓烟滚滚时，如果同伴们不做出反应的话，人们通常要很长时间方才做出反应。[30]因此，当大部分人、政治家、商业机构和其他一些组织不针对气候变化采取任何有意义的行动时，我们自然不情愿跳出来做"第一个吃螃蟹的人"，即便我们在原则上认同这种做法。社会惰性表现在许多不同层面。在微观层面，我们中很少有人愿意成为那个建议少坐几次飞机的家庭成员，或者仅仅因为一个供应商可耻地游说并讨厌任何在应对气候变化方面取得的进展而抵制他。采取这样的立场会带来本可避免的社会紧张。在一些极力反对气候变化科学的社区，风险甚至更大。正如一位研究者近期所说的那样：

以一名南卡罗莱纳州农村小镇的理发师为例。倘若他极力恳求他的顾客签署一个敦促美国国会对气候变化采取行动的请愿书，这是不是个好主意？绝对不是。如果他这样做，他将会丢掉工作——他们的前众议院议员鲍勃·英格丽斯（Bob Inglis）就曾经提议采取这样的行动，结果丢掉了工作。你在气候变化问题上的立场会给你贴上标签，表明你是怎样的一类人。那些与其他共享基本文化承诺的人们持不同观点的家伙，在别人眼里往往会被贴上古怪和令人讨厌的标签，而这些给他贴标签的人，很可能是他在社会上或者经济上的依靠。[31]

社会规范的障碍也会通过媒体表现出来。心理学家阿莫斯·特沃斯基（Amos Tversky）和丹尼尔·卡尼曼（Daniel Kahneman）所做的研究显示，人们倾向于给予其接触较多的问题以不相称的重要性和权重。[32] 因此毫不奇怪的是，他们研究发现，人们“倾向于通过是否能够轻松从记忆中找寻得到来衡量该事物的相对重要性——而是否能够轻松记起某件事，则取决于媒体报道的程度。”就在我们写作此节内容的当下，我们大多数人都没听到什么有关气候变化方面的内容，即便我们选择的媒体认可主流科学。而最近一项研究比较了美国媒体对真人秀节目《卡戴珊家族》(The Kardashians) 和碳排放引起的海洋酸化问题的报道情况（海洋酸化将会严重改变海洋生物，进而对地球上的生命带来极为巨大的影响）。该研究发现，《卡戴珊家族》在美国报纸上获得50次以上的报道，在电视新闻上获得270次以上的报道。编辑们大概会争辩说这只是观众兴趣的反映，以此来为这样的报道方式辩护。但实际上这里存在着一个恶性循环，因为媒体报道毫无疑问对观众的兴趣起到了决定性作用。

一个类似的关于责任的恶性循环也存在于选民和政策制定者之间。尽管大部分个体相信，气候变化问题应由政府和大企业来解决，但当政策制定者或者大企业被问道为什么不采取更多行动以应对气候变化时，他们的典型回答是选民和消费者没有要求这样做。

最终，打破在气候变化问题上的社会惰性的唯一办法，就是某些人——政治家、船夫、名流、商业领袖、新闻工作者、理发师、售货员、选民以及任何人——去采取主动，展示出领导力，不管这是不是意味着采取政治行动，减少碳排放，或者仅仅是捍卫事实。毕竟，群体行为会以两种方式发挥作用：越多的人开始谈论气候变化或采取行动，就会有越多的人追随而来。任何人担当起领导角色，都可能因此形成一个放大效应——特别是那些生活在因社会压力而假装问题并不存在的社区里的人。

消费文化是一个因素吗？

许多环保思想家和其他一些评论者都相信，我们如此不情愿地减少使用化石能源，不愿意参与诸如气候变化这样的问题，原因之一就在于我们的文化过于聚焦于消费。他们进一步指出，过度聚焦于消费不仅推升了碳排放，还阻止我们参与重大问题。经济学家蒂姆·杰克逊（Tim Jackson）对这一观点有着精辟的总结，他写道：“我们狂热地追求新奇的事物和社会地位，这将我们锁进了一个消费主义的铁笼。”[33]

如果全球就碳预算达成一致并予执行，强烈的消费欲对全球排放来说可能算不上什么影响。如果全球气候协议得以达成，我们每个人都可以随心所欲地消费，因为我们知道即便自己的消费会剥夺他人的排放配额，但全球的碳足迹不会因此而稍有改变。然而，除非有更多的人开始要求采取政治行动，或者做出减少自身碳足迹的声明，并且期待其他人也同样这样做，否则这样的协议不大可能达成共识。因此，确实值得问一下，究竟是什么推动了我们的以消费者为中心的文化？无论消费的欲望是否部分源于天生，毫无疑问的是，现代文化以各种各样的方式推动着我们——最为明显的是通过广告。透视整个社会，无休止的、有时震耳欲聋的信息在推动这一理念，即如果我们拥有更多、旅行更多、消费更多，甚至是吃得更多，我们就会更快乐、更受人尊敬、拥有更好的友谊，更好的亲密关系。而与此相比，呼吁环保点的生活方式和对气候变化采取政治参与的声音，只能算是低声细语。我们无疑接受了太多这样的信息，却毫不考虑真相。

根据公共利益研究中心（Public Interest Research Centre）近期发布的一项报告，广告直接增加了我们的消费和碳排放，而非改变我们的消费行为，让我们从一种产品转移到另一种，证据还不能说“完全确凿”。[34]但常识告诉我们，大量用于推广诸如能效极低的汽车，或者自驾游等的广告，肯定是没什么好处的。即使它不会直接推高我们的碳足迹，但广告会基于一种形象和地位强化它的基本价值观，这种价值观使得人们参与应对像气候变化这样需要全体面对的重大挑战的可能性降低。广告界的一些资深人士对此表现得令人惊奇地坦率。广告从业者协会会长（President of the Institute of Practitioners）罗里·萨瑟兰（Rory Sutherland）最近写道：“我越来越认为，我们应接受我们所做的一切背后的道德意味，并就此进行公开讨论，而不是敷衍了事。”[35]而确实也值得开展这样的讨论。

不平等也被说成是无动于衷和消费主义的一个可能的推手。在其《精神层面：为什么平等对每个人都更好》（The Spirit Level:Why Equality is Better for Everyone）一书中，理查德·威尔金森（Richard Wilkinson）和凯特·皮克特（Kate Pickett）指出，在发达国家，贫富差距让每个人都拼命想要到达金字塔尖，并通过他们拥有的财产和各种各样的行动，向人们证明自己做到了。该书还称，这种对于身份地位的焦虑，不仅通过各种方式降低了社会的幸福程度，还推升了我们的碳足迹。我们通过图 10-1 对这一理论进行了测试，我们将《精神层面》一书中的不平等数字，与每个国家普通人的碳足迹进行了比较。与该书探讨过的大多数社会潮流不同的是，其间并不存在明显的联系。对此无须过于惊讶，因为我们可能看到，不平等既会增强人们消费的欲望，也有可能在总体上抑制它。额外多出一亿美元，放在一般人的口袋中，可能远比放在超级富豪的口袋中更能促进家庭取暖或者增加假日航班。超级富豪已经不再担忧取暖账单，想度假就度假。有不少学术研究支持这一观点。[36]

具有决定性的是，是富足的生活和各类能源一起共同推升了碳足迹，而非其他诸如社会不平等之类的因素。但《精神层面》

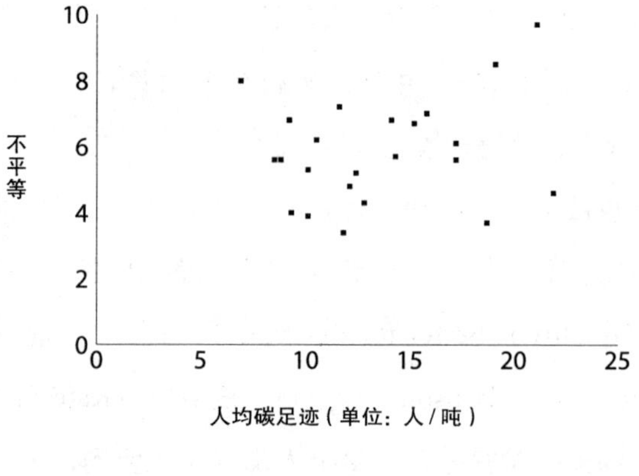

图 10–1 经合组织成员国（OECD）平均碳足迹总量与不平等之间的散点图

注：该图显示二者之间并不存在统计上的明显相关性。[37] 但是，不平等可能以其他方式成为应对气候变化问题的一个障碍。

一书的作者指向了一个第二位的原因：为什么解决不平等问题会有助于解决气候变化问题？在这一点上，他们的论述似乎更有说服力。他们认为，一个更加平等的社会倾向于更具“公共精神”，社会也更加诚信——而这些，即使不会鼓励这些国家单方面减少碳排放，但却足以让他们更易于接受一个全球性的气候变化问题解决方案。举例来说，在发达国家，社会公平与再利用率之间似乎存在一种强相关性。另一种分析表明，相比较于相对不公平国家的商业领袖，更为公平的国家的商业领袖“更加支持本国政府遵守国际环境协定。”[38] 尚不清楚究竟是公平导致公共精神，还是公共精神促成了社会公平，但二者之间的联系是非常有趣的，并且这种联系会让人产生一种直觉：我们越是因为不平等而感到更多的差别，就越是不太会有激情去联合起来，解决需要共同面对的问题，比如气候变化。这一点，不仅在一国层面的个体之间是真实的，在国与国之间甚至更是这样。这就直接导致了我们解决气候变化问题需要克服的第四个主要障碍，那也就是下一章我们将会讨论的话题。

第十一章 共享带来的问题

大气层的悲剧。

1968 年，美国颇受争议的生态学家加勒特 · 哈丁（Garrett Hardin）创造了一个新词汇："公地悲剧"（tragedy of the commons）——用来描述公共有限资源（但每个人都可以无限使用）的管理问题。他举的例子是一块公共的草场。随着人口增长和畜群数量的增加，所有的牧民恐怕都认同，由于过度放牧，草场开始退化，最终将导致所有牧民的畜群面临无草可吃的风险。然而，每个牧民从一己之私利出发是不会把自己的畜群赶走的，如果没别人赶的话[1]。解决这一问题的一个方法，就是将公地划分给每个牧民，让他们管好自己的草场（无论对错，数世纪以来，世界上大部分公共牧场确实都发生了同样的事情）。另一种方法便是达成某种管理系统，明确何人何时可以进入草场放牧。

气候变化提出了同样的挑战。尽管大部分世界人民和国家都同意，我们向大气层释放了太多废气，导致全球大气质量严重下降，但我们中很少有人愿意第一个站出来，停止排放废气。二者的不同之处在于，这一点经常被指出来，大气本身却无法用栅栏围住。

公共大气的悲剧表现在微观和宏观两个层面。作为个人，倘若我们少坐一次飞机，以降低我们的碳足迹，或者花一个小时给某个政客写封信，这并不意味着我们个人——或我们的亲戚朋友——会直接从气候改善中获益。相反的是，任何好处都是无法量化的，更别说要分散到超过70亿的人头上，其中绝大多数人我们从未谋面，他们也从不知道有我们的存在。从一个个人主义的角度来看，这几乎没有什么意义。正如作家克里斯·古德尔（Chris Goodall）所指出的那样，对于任何人来说，相比于费尽心思说服世界放弃使用化石燃料，赚钱致富也许是防止子孙后代遭受全球变暖影响的更有效的方式。[2]因此，采取行动的唯一有力理由，就是认为它是值得做的事——要么在我们自己看来，要么是在那些我们希望赢得其尊重的人看来，这是值得去做的事。

从国家层面来说，我们通过政府规制来处理这些“超出自身”的问题。我们中大多数人支付税收——尽管很不情愿，即便得到了大部分好处的是别人而非我们自己。我们通常别无选择。当然，人人都遵循同样的规则，这种认知让苦药变得稍稍可口一点。但在国际层面上，气候变化问题面临着同样的挑战。我们能界定并保卫国家领空免受外国飞机的入侵，却没有办法阻止碳排放在国与国之间交流混合。奥地利的排放影响到阿根廷，反之亦然。没有大气栅栏，那么剩下的唯一解决方法就是：达成一项规则，决定各国可以开采或排放的内容及时间。考虑到全球数十万亿美元的能源系统正面临风险，而且各国在财富、化石能源及历史排放上存在极为复杂的差异，达成一致规则注定是件棘手的事情。

如何让公地不共享

无论各国怎样试图通过谈判达成一项全球气候协议，责任分担将一直是一个关键挑战。但是，现有的办法尤其不大可能克服这一挑战。问题主要在于没有完整的架构。每个国家或区域简单地报出准备减少的最大碳排放量，接着按照自己的方法管理这些减排量。方法包括增加化石能源税收、补贴可替代能源，或实施总量管制与排放交易计划（cap-and-trade scheme）——通过拍卖或其他方式，将有限的可交易的生产或使用碳基燃料许可证，分发至各公司。尽管无论选择哪项政策，结果都将是能源价格上涨，这将是一个重大的政治挑战——尤其是在如果其他国家没有这样做的情况下。

有了足够的公众压力，这个杂乱无章的过程可能最终会达到需要的碳减排水平。然而即便真的达到了，类似这种根据国家自愿设定目标的方法，容易受到个别国家政府变更或形势变化影响，从而导致原定目标被弃或被更改——加拿大退出《京都议定书》就是很好的例证。由于这两点理由，放弃当前的这种做法，可能是更理智的选择，重新开始来达成一项全球碳预算，然后再磋商一个一以贯之的系统来予以实施——例如总量管制与排放交易计划，或全球碳税制度。

有了全球协议，设计和运行这样的计划可能会相对简单一些。既可以将化石能源进入世界经济的点（比如炼油厂、煤矿或港口）作为管理的切入点，也可以从消费端（比如加油站的油泵、电费账单等）进行。理论上来讲，两种途径的效果相同，因为炼油厂、煤矿最终会将成本一步步转移到终端消费者。然而，正如多年来众多思想家们已经指明的那样，尽可能靠近开采端、从源头来对碳实施监管，可能更为实际些。毕竟，炼油厂要比加油站和住宅少得多。[3]

然而，在全球范围内实施碳税或总量管制与排放交易计划（碳许可证以拍卖的方式出售），都将筹集巨额资金，该如何处理这些资金是个不可回避的问题。一个简单的办法，就是根据人口将资金发还给各国。从实践层面来看，这对那些高碳足迹的国家来说最终将会非常不合算，而那些低碳国家则受益颇多。但贫穷国家可能会要求分到更多的税收收入，以反映他们历史排放量较少、开发新能源的能力极为有限这一事实。同样，像沙特阿拉伯或俄罗斯这种化石能源生产和出口大国可能要求得到与他们人口不相匹配的更大的份额，因为他们失去的最多。找到一个妥协的方案是可能的，但这个方案的谈判将会非常棘手。很快，我们又将会回到同样乱糟糟的争吵中——过去20年来，正是因为大家争执不下导致了气候变化问题没有取得进展。而且，在那些有强烈反对某国政府情绪的国家，比如美国，将税收用于他国政府，例如委内瑞拉，可能会存在大量的阻力。

简化

建立规则化体系的想法是好的，但如果均摊税收或拍卖收入则让人倒胃口，那么还有一个方法，就是根据某个简单公式将排放许可证分发给各国。按照这一思路，其中最受欢迎的建议方案莫过于“紧缩与趋同”（contraction and convergence），根据这一建议，分配给各国的许可证数量每年将稳定下降。一开始，各国得到的排放许可证将是足够的，但每年总量呈下降趋势，且分配将会越来越公平，以便到未来某个约定日期——比如说，2030年——各国会拿到与本国人口成比例的许可证。许可证可以交易，比如印度可以选择向澳大利亚出售许可证，而不是直接使用完全部份额。这一想法简单、透明而公平，而且它将谈判中的变数减至为两项：即全球排放应该下降多快，各国应该以多快的速度趋同到公平的人均份额上来。

一个更为简单的模式被称为“安全碳”（Safe Carbon）提议，它是由牛津大学气候学家迈尔斯·艾伦（Myles Allen）等一批学者提出的。[4]这个体系完全与税收和许可证无关。而任何人以煤炭、天然气或石油的形式提取了碳，将需要负担一定的费用，以用于将产生的碳排放注回地下。比如说，一家在伊朗开采石油或者在俄罗斯开采天然气的公司，可能需要支付一定的费用给美国或中国的燃煤发电站，以表示他们为了自己的利益去封存一定的碳量。这些碳量会逐步提高，从计划启动之初可能只占其提取碳的0%，到全球预算用尽之时，则要占到其提取的碳的100%。艾伦认为，以这种方式建构一项协议，可能会有助于加快对碳捕获与封存领域的投资，同时增加深度排放削减的可行性，并很快为碳封存打开一个巨大的全球市场。反过来，对于以油气为主要工业的国家，这一协议可能将会更易于接受，因为他们在管道、油井和化学工程领域拥有的专业技能，一定会让他们在这个巨大的新市场中抢得先机。

然而，就责任分担问题来说，上述两个提议都不是良药。贫困国家几乎肯定会反对“安全碳”模式，因为它会抬高全球化石能源的价格。与发展中国家相比，发达国家则更容易适应能源价格上涨的形势。相比之下，人均碳排放量高的发达国家可能会反对“紧缩与趋同”模式，假如全球只能再升高2摄氏度，那他们要么大幅削减碳排放，要么只能从被他们视为竞争对手的国家大量买进昂贵的许可证，比如人口众多的中国。

相互让步

无论协议如何建构，并非所有人最终都会成为赢家。即使快速推行碳捕获，在未来的数十年里仍需要限制化石能源的使用总量。如果所有国家仍然还是竭力开采或使用尽可能多的燃料，全球气候变化协议的达成将依然遥不可及，碳排放将继续升高，而所有人都将背负长期的巨大代价。

解决这个难题的唯一可行之法在于，大众要让他们的政府明白，相比于尽力争取利好本国的协议，他们更关心解决气候变化的问题。鉴于需要削减的碳排放占现有排放量的比例，各国都作出让步方有可能在解决这一问题上取得成功，特别是那些富裕的发达国家，必须为其历史承担责任。

有些人会认为，人类因太过自私、民族主义观念太强，很难作出这样国家层面的让步。而且，发达国家的大多数人很难为那些遥远的人和地方集聚起足够的同情心，足以去支持一项不利于自己的协议。倘若他们说得对，那我们最好开始为重大的气候灾害做准备，因为没有全球范围内的相互让步，快速降低碳排放的机会将愈发微茫。

然而，不是所有人都是如此悲观。毕竟仍有同情心和全球思维这样有利的文化因素存在。例如苏珊·格林菲尔德（Susan Greenfield）等神经学家认为，我们可以像学习一门语言或一种乐器一样，增强突触功能以训练并强化这些特性。[5] 人类历史最黑暗的片段也指向同情心的变化，不过是朝着错误的方向。倘若我们对他人的同情心可以彻底泯灭，那么是否也意味着，它也可能在受到鼓舞的情况下有所增加呢?

第四部分 并非只有化石能源

Not just fossil fuels

地球变暖的其他原因。

第十二章 配角阵容

这些因素也会或快或慢地让全球变暖。

迄今为止，我们仅把气候变化视为一个能源问题。但是，化石能源不是二氧化碳的唯一来源，二氧化碳也不是全球变暖的唯一原因。现在，让我们来探讨一下人类使地球温度升高的其他方式。这些方式大大促进了全球变暖，不过也为缓解这一影响提供了最快的解决途径。要论及其他的一些气体和细颗粒物，食物和土地自然就进入了我们的视野，这也使我们更加关注一些更为具体的领域，比如航空领域、制冷领域等，它们的碳足迹只是部分地源于能源消耗。

就二氧化碳而言，有两个重要来源紧跟在化石能源之后：一个是热带雨林砍伐——目的是为了开辟耕地、获得木材，或者为了采矿；另一个是为全世界建筑业提供原材料的水泥生产。这两个来源是碳排放曲线长期呈指数级增长的重要原因，我们在第一章中讨论过这一点，也指出了任何全球碳预算都必须予以考虑。我们在处理这两个问题上越富有成效，在处理化石能源排放问题上的压力就越没那么可怕。

除了所有这些二氧化碳之外，我们也排放一系列其他气体和微颗粒物，它们放大了温室效应。其中最严重的两种分别是甲烷和一氧化二氮，二者大量产生于农业、矿山、天然气开采、垃圾填埋场和污水处理厂。许多制冷气体也是强有力的温室气体，从

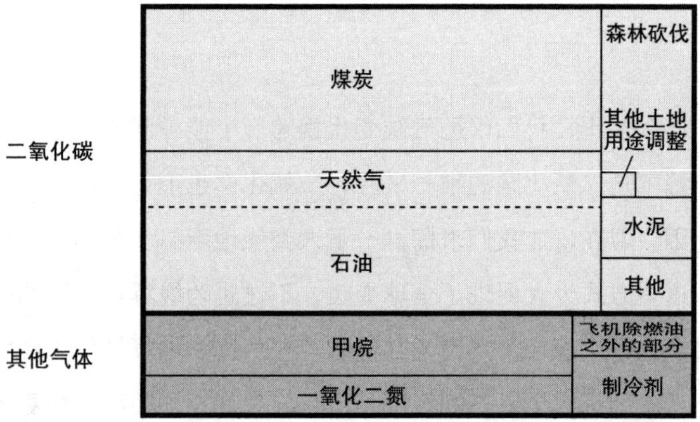

图 12–1 温室气体排放物种类

注：当前全球温室气体排放物比重，反映了它们在一个世纪的时间周期内对气候变化的贡献值。[1]2/3 的二氧化碳排放来自化石能源，算上其他温室气体和细颗粒物则占到 72%。数据显示水泥和航空领域对气候变暖的贡献值超过化石能源的使用。如果将这两个行业所使用的石油、煤炭和天然气的排放量也计算在内，则其对气候变暖的贡献值将翻倍。相关统计不包括煤烟，一方面因为它对气候的影响尚不完全清楚，另一方面目前的全球变暖立法尚未将煤烟列入规制项目。但就对当前全球变暖的影响而言，煤烟却非常重要，它紧随二氧化碳，排名第二位。[2]

工厂、冰箱、冷柜和空调中泄露进入大气。还有一个是煤烟，更准确地说是“黑碳”，它不仅产生于工业生产和汽车使用过程中，还从发展中国家成千上万的厨房灶火和炉子中产生。（煤烟还会落到冰川上，使冰川表面颜色变深，从而使其从阳光中吸收更多的热量，加速融化。）甚至飞机的雾化尾迹（vapour trails）——或称为拉烟——在飞机飞过之后留在空中，通过困住本来应该逃逸至太空中的热量而让地球变暖。

上述可以导致气候变化的气体或细颗粒物，其致使气候变暖的速率是不同的。一氧化二氮和部分制冷剂的速率与二氧化碳相似，主要在于它们能在空气中停留几个世纪，只要它们停留在空气中，就会导致全球变暖。其他的有时被戏称为短期气候污染物，或者 SLCPs（short-lived climate pollutants），它们导致气候变化的速率要更快一些。甲烷导致气候变暖的速率要远快于二氧化碳，但其半衰期仅为 7 年。[3] 它还会导致地表臭氧层的形成，其威力更为巨大，但它只会在空气中停留几天或几周。同样，煤烟、拉烟以及一些制冷剂存在的时间也比较短。

让情况更为复杂的是，全球的煤电厂、船只以及各种各样的其他排放源排放大量的细颗粒物：这些微小的颗粒物悬浮在空气中，将太阳光反射回太空（既有直接反射，也通过促成更亮的云层来间接反射），其结果是形成一个强有力但极为短暂的清凉效果（cooling effect），它经常被称为“全球变暗”（global dimming）。这一影响尚未得到很好的理解，但被认为让照射到地球表面的太阳光减少了几个百分比。[4]现在，这在一定程度上掩盖了我们排放到空气中的温室气体的全部影响。当全世界开始逐步快速地淘汰煤炭（因为必须应对气候变化），并继续严控地方空气污染标准，“全球变暗”的清凉效益将会逐渐削弱，从而也部分抵消了取得的成效。

蜡烛和火把

因为在不同的时间框架内，不同的气体和细颗粒物对环境有着不同的影响，其相对重要性，很大程度上取决于我们看到的未来有多远。为了让这一点更容易理解，我们不妨将地球想象成一口装满水的大锅。排放二氧化碳相当于在锅底下点燃一些蜡烛，而排放存续期更短的气候污染物则像是在锅底点燃一根火把。一分钟后，蜡烛没有产生太大的影响，但火把的影响却一览无余。其实无论是单独用哪种方法，过上几个小时，大锅总会被烧热。不过在同时使用的情况下，天亮之前，蜡烛最终将会产生更大的影响。

全球变暖也是如此。如果我们的目标是减少接下来 20 年里必须面对的负面影响，那么停止当前的二氧化碳排放看起来并没那么重要，因为二氧化碳对气候的“破坏”相对较慢，即便过上几十年，其影响也非常轻微（由于使用煤炭导致的烟尘排放消失，短时间内的全球变暗效应可以忽略不计）。相反，在相同的时间框架内，减少甲烷、煤烟或者航空排放物的好处则似乎更为明显，因为 20 年对于这些种类的温室气体来说已经足够长了，其全部的影响足以在这样的时间长度内全部发挥出来。但是，如果我们看得更远一点，一切则都随之发生变化，因为现在排放的二氧化碳，在未来几十年甚至几个世纪里都还存在于大气中，进而导致全球变暖，而现在排放的甲烷、煤烟到那时则大都已消失得无影无踪。

在评估导致全球变暖的不同媒介的相对重要性过程中，最为常见的做法是衡量其在一个世纪的时间周期内的“全球变暖潜能值”（global warming potential）。从这一视角出发，正如本节前面的图显示的那样，二氧化碳占据绝对主导地位。但是，以 100 年的时间周期进行评估的习惯做法，其原理并不是特别有说服力。我们已经讨论过远在 21 世纪末到来之前，全球温度上升 4 摄氏度的实际风险，而 50 年内全球温度上升 2 摄氏度的风险也很高。[5] 而且，作为温度上升的结果，今天的人们已经饱受极端天气事件的折磨。如果我们采取一个 50 年的时间维度来思考这一问题的话，也许那些短期带来迅速影响的气候变化媒介的相对重要性可能会翻倍，因而致力于减除其来源的重要性也将相应地增加一倍。据一项研究显示，采取措施减少煤烟和甲烷有望在 2050 年让温度几乎少上升半度——远超过在同一时间周期内通过减少慢作用物的二氧化碳可能带来的效果。[6] 考虑到获得这一效果的成本相对较低，而且附带很强的积极效应，全球绝对不可错失良机。

但是在减少短期内带来快速影响的气候变暖媒介的同时，不去解决二氧化碳（还有一氧化二氮）的问题，只不过是将问题推迟到未来。实际上，最终决定气候变化是否会越过一个危险临界点的是人类活动导致的气候变化最大会上升多少度。这个答案需要几十年甚至几个世纪才会最终水落石出，上升的幅度将主要取决于空气中二氧化碳的集聚量。事实上，如图 12-2 显示，除非我们快速削减碳排放，否则仅仅减除存在时间较短的气候变化媒

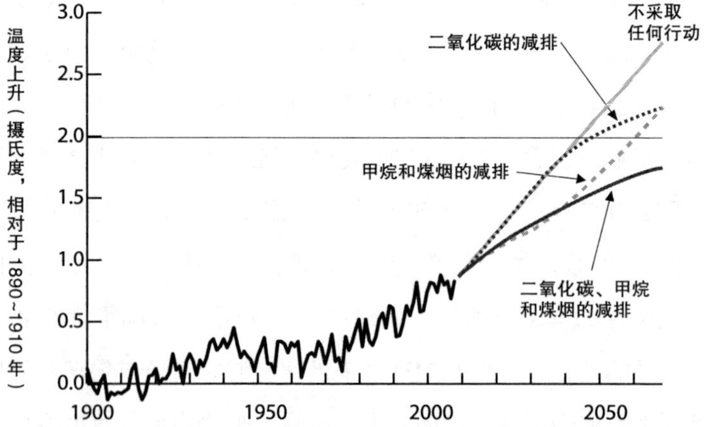

图 12-2　减少存在时间较短的气候变化媒介对全球气温的影响

注：迅速行动以减少存在时间较短的气候变化媒介，如模型所示的甲烷和煤烟，是未来几十年里降低全球变暖速率的关键。在二氧化碳排放也快速下降之前，这种努力只会推迟气温峰值的到来，而不能降低气温峰值。

介，只能是推迟历史气温峰值（all-time temperature peak）的到来，而非降低峰值的绝对温度。[7]推迟比什么都没发生还是要好得多，因为额外的10年或20年将允许我们去发展吸取空气中二氧化碳的技术，正好来得及阻止失控的全球变暖反馈机制生效。但这一模型的结果也显示，减少存在时间较短的气候变化媒介，并不能作为解决化石能源和其他各种二氧化碳来源问题的替代方式。

综上所述，显而易见的结论是，全球既要处理长期存在的温室气体和细颗粒物，也要处理短期存在的“火把”。

快速解决方案

谢天谢地，减少短期存在的温室媒介和其他来源的二氧化碳仍留有相当的余地。可以采取行动的一个关键领域是全球食品行业，下一章中我们将会详细讨论。在其他领域甚至还有见效更快的方式。大规模淘汰价格低廉的炉灶，既可以减少煤烟排放，缓解对木柴的需求，同时还可以减少空气污染——在发展中国家，每年有上百万人由于空气污染导致的呼吸道和肺部疾病而死亡。而温室效应极强的制冷气体——氢氟碳化物（HFCs）——只需要极低的成本即可进行淘汰。目前，人们已经推动将此纳入《蒙特利尔协定》（Montreal Protocol）之中，该协定在应对臭氧层破坏方面已取得明显成功。此外，垃圾填埋场和污水处理厂这些地方排放的大量甲烷，可以捕获并作为能源加以利用。而低碳水泥技术现在也已经非常有希望——其中包括利用氧化镁来吸收水泥干燥过程中释放到空气中的二氧化碳，消除整个过程排放到空气中的碳。[8] 在全球范围内大量应用这些技术和解决方案将是一个重大挑战，但相对于完全放弃化石能源，这看起来还不算太吓人。

航空——一个高空问题

一个需要特别关注，也更为棘手的领域是航空。尽管这一领域使用的化石能源只占全球总量的一小部分，但其雾化尾迹及其燃料在高空燃烧带来的其他影响，使得航空领域对全球变暖的总体影响不可小觑。尽管无法准确统计，但一般认为在一个世纪的时间周期内，航空领域的影响会大致翻番，温室气体排放量占到全球总量的3%，这在一个更短的时间框架内将呈现出更大的比例。更为重要的是，航空领域的排放正在快速增长——年增幅约6%。而且从全球来看，这一趋势似乎极为强劲，因为社会全球化正不断深化，崛起中的中产阶级也正不断让自己的旅游梦梦想成真。[9]

不幸的是，航空业似乎是最难实现绿色环保活动的领域之一。所谓的液态燃料的替代品研究实质上从未超过起步阶段。生物燃料确实可以作为航空燃料的替代品，但是倘若全球航班都使用生物燃料，正如我们将在下一章中看到的那样，那将会对农地造成巨大压力。还有一些潜在的途径，例如利用可再生能源和水制造碳中性的液体燃料，但其在商业上的可行性尚不清楚。[10] 况且，替代性燃料并不能解决雾化尾迹和其他高空影响等相关问题。

能效的提高可以带来一些相对较小的改进。优化航线设计也可能会节省几个百分点的燃料。如果我们弃用手动飞行控制系统，转而让电脑去操控全球的飞机，就像现代铁路系统一样，可能会节省更多燃料。[11] 进一步优化有效负荷也会有所帮助，同时优化航行距离也可以避免飞机装载的燃料超过必需的量，进而也能节省少许燃料。长期来看，新型飞机设计可能会进一步提高能效，但是究竟能有多大空间，实际上是存在物理极限的。[12] 而且，安全立法要求新的设计需要多年方能获得审批通过——而且即便新的设计最终得到放行，也并不意味着现有飞机的大量报废——全球现有机队大部分还要服役 20~30 年时间。

在可预见的将来，航空需求的增长将远远超过能效的提升，而且眼下也看不到有什么突飞猛进的技术进步。看起来，解决气候变化将不可避免地带来机票价格的飙升。无论是在发达国家还是新兴经济体，这一点都可能成为触发抵制气候立法之类的东西。（正如我们后面将会看到的那样，欧盟稍对全球航空实行碳足迹限制即招致强烈抵制，并且受到其他国家和地区贸易战的威胁。）并不是说，少一点航班就意味着世界末日。大量的商务旅行很容易就可以用视频会议替代。而且随着机票价格上升，大量空中货运将干脆转为海运或者改由当地生产。但是，至少在英国，绝大多数航空排放源于人们对阳光、大海和沙滩的渴望，这只能通过人们少飞一些或者飞得近一些来解决。[13] 因此，在很大程度上，我们在全球碳预算中拿出多少份额用于航空方面，取决于我们对国际旅行的热爱程度。但可以想象的是，航空业目前在全球总排放量中 3% 的占比，到 21 世纪中期很有可能攀升至 25% 甚至更多。

第十三章 粮食、森林和燃料

如果我们减少排放，还能养活全世界的人口吗？

气候变化、粮食和农业三者是密切联系在一起的。粮食生产是全球变暖的关键推动力，其温室气体排放量大概占全球总排放量的 1/4 左右——其中大部分排放并非因化石能源所致。但在面对气候变化这一问题上，粮食也是人类的脆弱之所在，因为温度不断上升会使我们越来越难生产出足够的粮食。而加大鼓励将谷物转化为生物燃料，以此来改善气候变化问题也会引起食物系统的连锁反应。

然而，当我们思考粮食问题时，除了气候变化外，显然还有更多的问题需要考虑。全球差不多有 1 亿人——也就是说 7 个人中就有 1 个人——现在仍处在饥饿之中。[1] 在未来几十年内全球人口膨胀两亿或者 3 亿之前的今天，这种状况依然存在。我们也知道，我们现在的粮食供给方式——通过森林砍伐为密集的农业耕作提供更多的土地——正在破坏全球的生物多样性。现在地球上的物种灭绝速度比在正常情况下要快一百甚至一千倍。一些科学家相信，“就人类在地球上的稳定性和繁荣的未来而言，物种灭绝可能比全球气候变化的危险更大。”[2]

当我们考虑粮食和土地系统时，所有这些都需要纳入考量。这是一个三重挑战：得养活所有人，减少排放物，还要保护生物多样性。哦，我们还希望味道不错。尽管这最后一个方面对于那些尚食不果腹的人来说简直微不足道，但实际上，整个食品工业在这方面的投入几乎与在营养方面的投入不相上下。

粮食对气候的影响

食物系统能产生全球温室气体排放总量的1/4，这一点听起来似乎有点不可思议，但如果你把粮食生产、运输和销售中产生的所有碳排放加总起来，大概就是这个数。首先，农业和食物系统使用了大量的石油、煤炭和天然气。正如本书最后一部分将会讨论到的，全球碳排放限额将会处理到与粮食相关的二氧化碳排放，不过这也将会对粮食价格产生冲击。农业也从其他三个方面对气候变化产生影响。农业和森林砍伐关系密切，因为通过破坏热带森林所获得的大部分土地，最终要么用做种植，要么用作放牧。农业也是一氧化二氮的主要来源，化肥的使用会产生大量的一氧化二氮。农业还是甲烷的重要来源，奶牛、绵羊之类的反刍动物打嗝出来的气体就含有大量的甲烷，此外粪肥以及被洪水冲刷过的田地也会产生甲烷。

除了上述这些之外——也是经常被忽略的——一个事实是，全球食物系统目前正对全球的土壤构成巨大压力。集约农业和过度放牧既导致土壤中有机物含量减少，又造成更多二氧化碳排入空气之中。这方面对气候变化的影响很难精确衡量，但其潜在影响极为巨大——大到可能足以扭转整件事情的进程。

森林砍伐和土地危机

近年来的趋势表明，我们或许有理由在砍伐森林方面持谨慎乐观主义态度。[3]最近几十年来，尽管我们化石能源的使用量大幅增长，但森林砍伐造成的排放物绝对数量以及在排放总量中的占比，均呈现大幅下降趋势。从前，森林砍伐造成的二氧化碳排放要占到排放总量的 20% 以上，但现在则徘徊在 10% 左右。[4]不幸的是，正如我们在第一章中所看到的那样，全球碳排放曲线并未因此而受到影响，因为同时有更多的化石能源投入使用。（下列事实或许可以部分解释二者之间的联系：巴西大量减少砍伐森林的同时，其石油勘探和开采也呈现快速增长。）更为重要的是，森林砍伐的问题远未解决，因为虽然砍伐速度已经明显下降，但我们仍然在大片毁坏含碳丰富、生态上弥足珍贵的森林。上一个10年中，我们平均每年要毁坏1300万公顷的森林，面积相当于路易斯安那州或半个英国。[5]

尽管如此，减少森林砍伐正在朝着积极的方向发展。这表明人类也许开始对气候变化问题最艰难的部分采取行动——这一部分不仅造成气候变化，还对生物多样性构成巨大威胁。如果考虑到正在推动世界粮食价格上涨以及对土地造成额外压力的三个重要的全球趋势，这一进程尤为令人鼓舞。第一个趋势是人口不断增长。自1999年以来，全球人口增长已超过1亿，而且截至2050年，全球很可能会再增加两亿左右人口需要去养活。

第二个趋势是肉类的消费。肉类消费的增长比人口增长更快。这一点几乎全部是因为发展中国家的肉类消费在增长，发展中国家的饮食结构开始向发达国家看齐。肉类之所以与森林有关，是因为全球畜牧业在土地和牧场利用上效率不高。每产出1公斤食草动物的肉，几乎需要消耗平均3公斤的谷类饲料。（这一比率对于奶牛来说较高，但对于鸡来说则偏低。）而且，1公斤肉所含的热量比相同重量的谷物要少。[6]实际上，正如本章后面的图所示，全球粮食产量将近1/4——也就是相当于全球每人1200卡路里——由于现有肉类和乳制品生产的低效率而白白浪费。

牲畜牧场并非必然如此低效。正如西蒙·费尔利(Simon Fairlie)在《肉类：一种良性的奢侈》(Meat: A Benign Extravagance)

一书中所称，有些生产形式相当高效，比如用价值低廉的谷类废物去喂养鸡和猪。如前所述，还有一些特别的放牧模式，最早由艾伦·萨弗瑞在非洲尝试，现在则大规模应用于澳大利亚。这种放牧模式，有望通过让土地“重新长草”（regrassing）而将二氧化碳“锁”在土壤之中，从而实现“碳负性”（carbon-negative）。然而，全球大部分食用牛肉的生产会对全球森林产生间接和直接的压力。间接的压力是推动粮食价格上涨，从而使得森林砍伐更为有利可图；直接的压力是大部分先前的亚马孙流域森林，最终因此被用作牧场或者被用来生产动物饲料。[7]

第三个对粮食和土地系统造成压力的趋势是生物燃料产量的增长。生物燃料是汽油和柴油的替代物，可以通过利用谷类、糖类和棕榈油等之类的食品作为原材料加工获得。正如保罗·麦克马洪（Paul McMahon）在其最近的《大鱼吃小鱼》（《Feeding Frenzy》）一书中所指出的那样，生物燃料并非什么新奇之事。20 世纪 20 年代，美国有 1/4 的可耕地用于生产当时的运输燃料：马饲料。[8]但是，在有 10 亿辆汽车、碳排放政策逐渐收紧的世界里，生物燃料正呈增长态势。据最近一次统计，每年全球的生物乙醇产量约为 120 亿升，生物柴油产量约为 30 亿升。[9]这几乎相当于全球每人每周半升燃料的量。尽管未来生物燃料可以从可持续发展的林地、贫地甚至是养殖海洋藻类的池子中生产出来，但最简便的选择依然是使用农作物。

目前，大部分生物燃料的生产由政府提供的补贴所推动以应对气候变化。然而，具有讽刺意味的是，现有许多生物燃料的碳足迹比政府想要用以代替的原油的还要多。但是，即便这些不合理的补贴机制被取消，生物燃料的产量还是有可能会上升，因为我们受碳约束的世界对化石能源的替代品变得更为饥渴了。经济合作与发展组织和联合国粮食及农业组织的《农业展望报告》（OECD-FAO Agricultural Outlook）一书预测，到2012年，全球生物燃料的产量将会增长50%左右。但是，考虑到限制全球化石能源使用的力度正在加大，这一数字一定还会更高。

随着各国政府继续加大力度减少因森林砍伐而导致的碳排放，上述三大趋势的重要性将进一步凸显。至于化石能源，从需求方面采取的措施（demand-side measures）——比如努力减少肉类消费、硬木消费，或者减少粮食浪费——是必要的，但仅仅这些是远远不够的。真正的关键在于政治意愿。目前而言，多数森林砍伐已然属于违法行为，因此严格执行现有法律与制定新的法律同样具有挑战性。这一点非常困难，因为森林砍伐通常发生在偏远地区，距离大都市几百甚至几千公里之遥。更为重要的是，森林砍伐的过程所产生的副作用往往具有一种累增的效应。通常而言，小规模砍伐将需要修建一条土路，而土路的存在会导致一部分人就地定居下来，并进行小范围的垦荒种植。紧随其后的可能是一条更大的公路，为更大规模的农业、树木砍伐或者矿业开采提供了可能。对于当地的土地保护活动分子来说，抵制这一进程甚至可能是致命的：最近几年，许多地方森林保护活动者在亚马孙流域和其他地方被杀害。而对政府来说，反对森林砍伐意味着要战胜强大的农业、伐木业和矿业团体的游说，并且投资兴建更好的监控砍伐行动的基础设施。这一点完全做得到。2004年以来，卫星监控和快速直升机反应小组已帮助巴西将森林砍伐速度大幅减缓了近3/4。[10]

以上的成功事例表明，相对于放弃化石能源，减慢直至最终停止砍伐森林是一件做得到的事情。实现这一点对于解决气候变化问题，保持生物多样性都大有裨益——尽管此举可能会导致全球粮食产量的增长速度放慢，因为限制森林砍伐将会导致可用土地数量的下降。这一点再与全球不断增长的人口，以及人们不断增长的对肉类、生物燃料的需求结合起来，使得人类在使用可用土地上除了增长粮食生产、饲养牲畜或者生产能源作物之外，很难再有其他选项。下面我们将继续探讨这一问题。

粮食的其他全球变暖效应

如果说解决森林砍伐问题正在朝着正确方向前进的话，农业对全球气候变暖产生的其他关键性影响就不那么美妙了：甲烷和一氧化二氮二者的排放量在全球范围内都呈现快速增长态势。在某些情况下，无须减少产量或者改变种植的作物即可实现巨大的减少排放物的潜力，而且费用低廉。比如说，中国和其他许多地方的农民都有一个可以理解，但却又是错误的信念，那便是施用的化肥越多——化肥是一氧化二氮的主要排放源——农作物的产量就越高。他们只需改变这种做法即可实现极大的减排潜力。解决的方法极为简单，而且也早已有良好的实践基础——实际上，施用的化肥只要超过一定的量就根本没什么益处的增加；事实上产量甚至有可能会下降，而成本和排放物则会大幅上升。与此类似，通过改变传统的漫灌方式来种植水稻，甲烷排放量也会大幅减少。[11]

然而，在其他某些情况下，农业的排放物与生产何种粮食密切相关。甲烷的最大来源是反刍动物的肠胃胀气——几乎全来自奶牛和绵羊。这种气体的大量产生是其消化过程的自然产物。多数情况下，对这类排放我们几乎无能为力。但如果通过教育和政策的双重作用，说服全球的人们从食用牛羊肉改为食用猪肉，可能的话食用鸡肉将更好。当然最好的方式是少食用肉类和乳制品，这不仅会对甲烷排放产生巨大影响，同时也会减小对森林的压力。（即便艾伦·萨弗瑞是正确的，正如前面描述过的那样，通过饲养动物能够将世界上的草地转化为一个巨大的二氧化碳“吸尘器”。这么做确实有可能扭转乾坤，但是即便如此，在其得到证实并在现有食物系统中扮演重要角色之前，仍然有很长的一段路要走。）

图 13-1 反映的是将甲烷、一氧化二氮及森林砍伐等因素全部考虑在内的不同类型的肉类及其他粮食的碳足迹。此图采用的

是英国的数字，但其他国家的排序格局很可能也基本类似。在图中可以清晰地看到，牛肉和鸡肉产生的碳排放量存在巨大差别，而水稻、小麦和马铃薯等主要粮食作物相对碳效能的相对水平也非常清晰地呈现在眼前。水稻较小麦碳效能低主要是因为漫灌的耕作方式导致大量甲烷的排放。马铃薯则表现较好（即便考虑到它们相对较高的含水量也是如此），特别是考虑到其能量的 1/10 是高品质蛋白质，就更值得称道了。

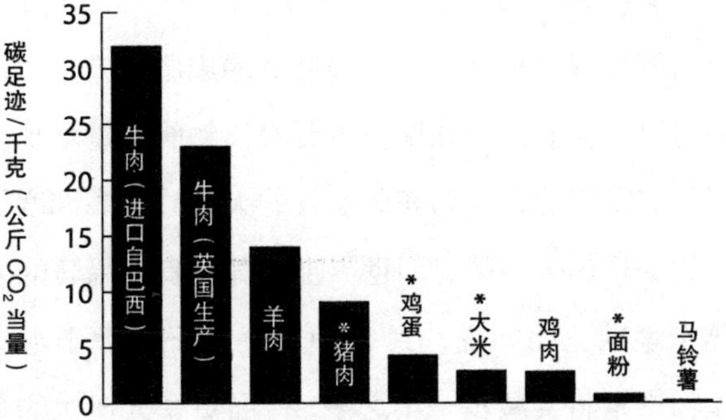

图 13–1 专为英国市场做的不同食品的碳足迹预估值[12]

注：除了标＊的食品类型，其他数字均包括了将粮食运送到配送中心带来的碳排放。本图显示了超过一个世纪的全球变暖影响因素，在超过 50 年或 20 年的时间框架内，牛肉和羊肉的影响看起来似乎更大。

随着气候立法越来越完善，执行上越来越严格，一些农业排放物最终会在不同粮食的成本上有所反映，帮助我们确信转向低碳粮食至少要部分依靠市场。但即使没有上述政策，通过更好的技术、扩展最好的耕种实践和饮食上的一些转变也能减少大量的碳排放。发展农业系统，更好地增强土壤中的碳含量，这方面也大有前途。

气候变化对于粮食的影响

农业一直是人类在应对气候变化方面最脆弱的部分。尽管我们不可能准确预测全球变暖对农业的所有影响，但前景的确堪忧。

鉴于二氧化碳水平增加有一种自然的施肥效应，短期内，天气变化很有可能会导致全球许多主要农作物的产量增加。但是即便如此还是值得担忧，因为获此益处的大部分是高纬度地区，而付出代价的却是热带地区。而世界上大部分食不果腹的人恰恰都生活在热带地区。比如说，到 2020 年，非洲依靠雨水灌溉的农业的农作物产量将会减少一半之多。[13] 而更令人担忧的是，就全球层面来说，有关气候对粮食影响的预测看起来似乎是过于乐观了。近期的一项研究发现，全球变暖已经使得全球玉米和小麦产量减少了 5% 左右。[14] 这与 2012 年美国中西部产粮地区和欧洲部分地区农作物产量的减少相当。当年这些区域遭遇了干旱天气，同期英国也遭遇了干旱和洪涝，所有这些都与气候变化的影响预期相吻合。近期的另一项研究也表明，除非农业效率显著提高，否则全球变暖将会很快导致法国的玉米产量下降。[15]

政府间气候变化专门委员会（IPCC）预测，不管短期内会发生什么情况，如果全球气温上升超过 3 摄氏度，那么全球农作物的总产量将开始下降——除非我们下大力气减少排放，否则我们可能会在 21 世纪内突破 3 摄氏度这一水平。实际上鱼类供应在现有情况下已经面临压力，而随着碳排放增加导致海洋酸性上升、温度升高导致海水的含氧量下降，鱼类供应将会遭遇更大的打击。近期一项研究认为，到 2050 年，全球变暖会让全球鱼类产量减少 10%~24%。[16] 而热带将再一次成为受影响最严重的地区。

所有这些判断全都基于充满不确定性的科学预测之上。因此，实际影响比预想的要温和一些也完全有可能。但结果比预想的要糟糕的可能性似乎越来越大。美国国家航空航天局（NASA）的詹姆斯 · 汉森（James Hansen）近期的研究发现，50 年前，每个夏季的极端天气仅影响全球地表 1/800 的地区，而现在这一比例则将近 1/10。[17] 在这样的变化下，农业发生任何离奇的状况都是可能的。

挑战和权衡

将上述这些放到一起来看就极为清楚了：21 世纪粮食生产将面临巨大压力。一方面，人类要停止砍伐原始森林，开辟土地；另一方面，又有数十亿的额外人口要养活。与此同时，我们还要限制化石能源的使用，而全球农业系统目前非常依赖于化石能源提供的动力。此外，我们还要应对全球变暖可能对农作物产量带来的潜在的严重影响，同时还要满足或减少对于全球肉类和生物燃料日趋增长的需求。最后，我们还需要大幅减少甲烷和一氧化二氮的排放量。所有这些都能够办到。正如图 **13-2** 所显示的那样，现在从田间到餐桌，浪费粮食的数量可谓惊人。目前大概全球粮食产量的 **1/3** 被浪费掉了，并且大部分发生在贫穷国家收获之后。而贫穷国家的粮食恰恰最为紧缺。尽管在细节上做到百分之百的正确极为困难，但究其本质而言，这是个可以解决的问题。有时所需要做的不过是分发密封塑料容器这么简单。与此同时，低效的肉类生产又让我们损失 **1/4** 的粮食产量。

这些无疑是需要改进的地方，但在全球许多地方，通过各种各样大有前途的低科技和高科技技术，粮食产量的增加也潜力巨大——比如让干旱的土地“重新长草”、对那些适宜耕种的土地实行免耕(**zero-tillage**),甚至有助于将空气中的碳吸入土壤。但是，正如化石能源遇到的问题一样，土地和粮食面临的挑战与我们该如何权衡事物的不同用途一样。特别是我们该让汽车、飞机以及动物享用全球几成的谷物收成，人又应该享用几成。毕竟，我们消耗的生物燃料，以及采用传统方式生产的肉类越多——我们浪费掉的粮食就越多——我们用于养活世界上日益增长的人口的热量就越少。这是一个非常严重的问题，因为限制化石能源的使用将会极大地刺激更多的农作物转而用于生物燃料生产。而全球不平等又相当严重，发达国家的人们可以很轻松地“消化”价格上涨问题，而贫穷国家的人则做不到。

实际上这种紧张关系已经开始显露。过去几年，农业产量增长超过了人口增长，但粮食价格却大幅上升——很大一部分原因在于，全球农业收成用于肉类生产以及生物燃料生产的比例越来越高，其中用于生物燃料生产的比例增速更快。美国小麦产量的40%、巴西甘蔗产量的50%、欧洲植物油产量的60%均流向汽车

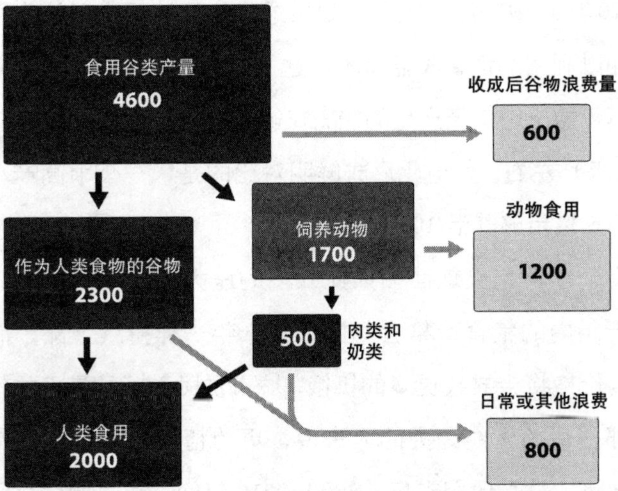

图 13-2 按人均消耗热量估算的全球食物系统概率图

注：由于严重的食物浪费和低效利用，最终被消费的热量不到产出的一半。热量尽管损失这么多，如果得以平等分配，还是足以为全球每个人提供健康的饮食。然而，全球现有超过 1 亿人的体重严重超标，也有 1 亿人吃不饱肚子。这些数字评估于 2000 年左右，但可能仍然具有广泛的代表性，因为从 2000 年开始，生物燃料的使用开始上升，抵消了食物产量的增长。[18]

而非供人类食用，比例之高，不可谓不令人惊叹。[19] 通过一个非常基本的能源分析，我们就足以对燃料和粮食之间的对应关系有一个粗略的认识。一个人每天需要的热量与 1/3 升柴油所含的能量相当。[20] 我们可以这么说，加满一架波音 747 飞机的 17 万公斤燃料，在一个缺乏粮食和燃料的世界中意味着许多人需要忍饥挨饿。

燃料与粮食之间的精确替代关系取决于土地、谷物和整个粮食供应链的效率。大体上来说，一公顷土地每天产生的能量相当于 5~20 升矿物柴油，但是，如果这一能量被要求以液态燃料的形式加以利用的话，收益将不及这一产品的一半——也就是说，如此面积的土地每天产生的能力仅够一辆小汽车行驶 100 英里(约 161 千米）左右。[21] 与此形成鲜明对比的是，一公顷高产小麦地产出的热量足够养活 10~30 口人。[22]

鉴于粮食和土地面临如此众多的压力，几乎可以肯定，未来几十年内的粮食价格会如同近几十年一样持续上涨。而更高的粮食价格将会导致更多的饥饿，城市贫民无疑是最大的输家。对于那些最为无能为力的人来说，更为糟糕的是，可能有更多的土地将不再受他们支配。2000~2010 年间，超过两亿公顷的发展中国家的土地——相当于英国面积的 8 倍，或者将近得克萨斯州面积的 3 倍——被外国投资者收购。[23] 但是，随着全球变暖的后果日趋显现，气候规制导致了燃料成本和化肥成本的增加，即便那些自耕自足的小农场主也会感觉到度日如年。（据经济合作与发展组织统计，油价每上涨 25%，就会导致化肥价格上涨 14%。[24])

因为以上所有的这些原因，并随着气候变得越来越热，排放物开始受到规制，我们将需要更好地分配全球农业产品的收成——包括认真规制生物燃料以确保其不会造成更多的饥饿。只要政策妥当，拥有一个人人都能够吃饱饭、农场的排放物更少、生物多样性得以保护、生产部分生物燃料以减少原油使用的世界在技术上不存在任何障碍。如果艾伦·萨弗瑞的草地管理能够兑现目标的话，我们甚至可能让全球大量的不毛之地重获新生，将全球食物系统转化为碳窟（carbon sink）而不是碳源（carbon source）。至于说能源和化石能源，解决办法不会不请自来。如果全球不为之付出努力，粮食和土地造成的排放物很容易就会翻番而不是减少。与此同时，森林的面积将会减少，粮食的价格也会大幅飙升。

第五部分 现在该怎么办？

What now?

应对气候变化问题的六大关键步骤。

第十四章 醒来吧

全人类必须面对现实。

本书探讨了一些令人不安的现实情况。倘若我们试图将气候变化控制在可接受的风险范围之内，那么面临的挑战则非常严峻。迄今为止，我们采取的行动几乎尚未触及皮毛。政策制定者们尚不了解为达到他们自己的目标需要付出怎样的努力，也不清楚如果错过机会将会面临怎样的危险。公民们也没有要求他们在这场挑战中必须取得胜利。我们将这一切一览无余地呈现在读者面前，目的就是要让人们明白我们面临的形势，就是要向人们表明，必须采取紧急而有效的行动。最后一章，我们想探讨的问题是应该采取怎样的行动，以及究竟需要付出怎样的代价方能使其真正启动。

接下来的几章，我们主要探讨哪些政策、技术以及行动，能够有助于问题的解决。但要使得这些成为现实，首先我们必须让更多的人醒悟过来，认识到面临的威胁。现如今，什么我们只要“如同面临战争一样”动员起来，我们就能应对气候变化问题已经成为陈词滥调了。但它又确乎如此：那些看起来似乎还要几十年时间方能实现的创新，只要我们尽力去推动就会近在眼前——当年，我们正是以这样的方式，促成了雷达、核武器以及解码技术的面世。如果各个国家能够像当初投入资源去开发坦克和飞机那样来面对气候变暖问题，则大规模投入也可以快速见效。然而，这一看似无懈可击的类比却有一个明显的缺陷，即我们并没有战时的那种警惕。

即便是很多见闻广博的政治和商业领袖，对我们面临的风险也依然有点洋洋自得。国际能源署首席经济学家法提赫·比罗尔（Fatih Birol）针对 2013 年的世界经济论坛说道：“让我震惊的是，许多人……许多来自能源界和商界的人，他们非常深入地介入了气候科学的辩论，在面对全球气候变暖 4 摄氏度的走势时却似乎丝毫不感到担心。”他进一步非常直白地说：“这简直糟糕透顶。”[1]

那些关注气候变化的人需要加大推动力度，克服惰性和自满情绪。但如何才能做到？毫无疑问答案部分在于领导力：全球各个社会层次的人行动起来，做点什么。我们将在最后一章更详细地探讨这一问题。我们认为答案的另外一部分在于，所有关注气候变暖问题的人能够将我们面临的形势的实质有效地传递出去。

这看起来似乎显而易见，但那些渴望看到气候变化问题得到解决的人都在回避这个核心问题，而且反过来兜售这样的观点，选择什么绿色能源既省钱，又可以解决燃料匮乏问题，还能促进经济增长。比如，最近有报道称，美国总统巴拉克·奥巴马在其首届任期之初就有意识地做出一个决定，就是仅从创新、能源独立或经济增长的角度谈论气候变化。[2]许多公司也效仿这一做法——尤其是在与消费者沟通过程中更是如此——一些非政府组织甚至围绕可再生能源在减少家庭用能成本方面的潜力设计了一整套推广方案。

这一做法可以理解。正如要努力让这一切不至于那么难以接受一样，这其实是试图描绘一种积极的愿景——这一做法是追随马丁·路德·金的步伐，去传递一个梦想，而非梦魇。但是，金的听众已然被鼓动起来，要求变革——而且情绪已经相当激昂，以至于他在“我有一个梦想”的演讲中呼吁民权活动家们要避免让他们的沮丧情绪演变成暴力行为。[3]与此形成鲜明对比的是，大部分人对于气候变化甚至还没有丝毫的激情，而基于房屋隔热、智能电网或厌氧消化（anaerobic digestion，即沼气发酵）等会带来经济收益的视角，似乎不太可能改变这一状况。无论怎样，正如本书所呈现的这样，短期内的技术和能效提升本身在短期内也不足以减少碳排放——如果仅仅是出于经济收益才采取相关技术和能效改进的话就更是如此，因为这样会使得他们更容易受到“反跳效应”的影响。而且，快速限制化石能源的使用将会让我们经济上更为富有这一想法本身就站不住脚。假如争论停留在上述层面，短期经济将会获益，但是气候则会遭殃。

一个更加根本性的问题在于，如果完全从经济收益的视角来建构大部分气候变化解决方案的话，这些方案会强化反面的范式，鼓励人们更多地关注化石能源的价格或者国家能源安全，进而更为抵制导致能源价格上涨的气候立法。世界自然基金会（WWF）的汤姆·克朗普敦（Tom Crompton）在其影响力巨大的报告《共同的事业》（Common Cause）中，对这一悖论进行了非常透彻的论述。[4]有些学术研究支持这样的观点：采取明显的环保举措而不在乎其潜藏的问题，可能会导致预料不到的、甚至无益的副作用。例如这样一项研究：几组被实验者被分别灌输了有关拼车的不同信息，有的被告知拼车能够带来经济效益，有的则被告知拼车有助于环境保护；在之后回收纸制表格的环节中，那些被告知拼车能够省钱的人，上交表格的可能性较低，甚至比未看过任何环保信息的控制组的人还要低。[5]

另一个常见的愿望是，随着气候变暖，人们对这一问题的看法可能会发自内心地做出改变。然而，这种方法不可能快速让我们走出麻烦，因为，即便我们开始采取严厉措施，气候变暖趋势还会持续数十年。倘若我们等着大气问题倒逼我们进入应急模式，那几乎可以肯定的是，代价将极为高昂，而且很可能为时已晚。无论如何，甚至于即便极端气候事件，似乎也不足以让普通市民或政客认识到这一问题的严重性。就在我们写作本章时，澳大利亚刚于几周之前遭遇一轮热浪，之后又是洪水泛滥。然而，在民意调查中领先的即将参选的候选人，仍承诺如果当选，将废除本国极为轻微的碳税制度。[6]所以，尽管应该整理思路、制定计划，准备以最好的方式应对气候变化拉响的警报，但我们不能将其作为首选计划。[7]

鉴于我们当前面临的形势，让更多的人一清二楚地听到如下这些简单事实非常重要：气候变化会带来巨大的风险；迄今为止我们所做的努力仍然没有发生效用；而且为了眼前利益，特别是子孙后代的利益，限制有增无减的化石能源的使用是一个急迫的道德问题。现在的通常观点是，世界尚未对这样的信息做好准备，这些信息太过负面、太可怕、太有挑衅性了。然而，人类终需直面现实。无论如何，比起那些“掺水”的说辞，事实更能引起人们的兴趣，也可能更能够激发人的内在欲望。

也许，非常能够说明问题的是，在迄今为止人们所写的有关清洁技术或者个人碳足迹的无数文章中，本书的序言——比尔·麦吉本的作品，是第一篇在网上真正带来病毒式传播的气候变化方面的文章。那些文字热情洋溢、毫无保留地披露了人类在削减碳排放方面遭遇的失败，指出解决化石能源拥有者们因利益而不肯放手这一问题，将石油、煤炭和天然气留存于地下的必要性。对这篇文章构成有力支撑的是，公益组织 **350.org** 巡回美国各地，在大学校园传递与该文章内容极为相似的、强有力的信息。令他们感到吃惊的是，大学生们的反应非常热烈，很多时候他们不得不“移师”更大的场馆，以容纳每场数千名坚决想要参加他们活动的学生。

如果这标志着一个开端，人们已经开始更真实、更坦率地交流气候变化问题，那么我们不能认为是时间提前了。社会不再垫着脚尖、绕开真正的问题，这一点非常关键。我们必须坚持要求，我们的媒体要让我们了解事实的真相；我们的政治家们和商业界，必须采取言行一致的行动。社会的快速变化，总是需要数量庞大的人提出诉求，这是基于对一个重大的道德问题的高度关注而提出的诉求。必要时，人们甚至应该上街游行。鉴于化石能源的使用牵涉到那么多的权力和金钱，毫无疑问，气候变化问题也不会例外。

正确的政策和技术非常重要，但要解决这个关乎 10 万亿美元的问题，关键在于我们是否能从集体的沉睡中醒来，挽起衣袖，动手让一切成真。

第十五章 给碳排放封顶

如何解决化石能源过于丰富带来的问题？

鉴于前面章节探讨过的反馈回路和“反跳效应”的影响，显然解决全球气候变暖问题，唯一一条可靠的路径，便是在世界范围内围绕一个合理的碳预算达成广泛共识。然而，迄今为止，制定一个全时碳预算的想法尚未正式成为国际谈判的严肃议题。恰恰相反，气候界存在一个模糊的期望，那便是希望各国志愿承诺的减排量，最终有一天能够达到控制全球温度上升需要的减排量。但随着时间一年一年流逝，这一期望看起来越来越渺茫。国际谈判也存在着其他方面的严重不足。比如说，参加谈判的通常不是资深的高层决策者，谈判也深陷所谓“发达国家如何如何，发展中国家如何如何”这样既过时又过于简单化的泥沼之中不能自拔。可以说，需要对整个气候谈判来个彻头彻尾的改变。

关于如何重新开启谈判进程的诸多讨论，主要集中在全球碳排放政策的细枝末节问题上。比如，碳税（**carbon taxes**）和排放总量控制与交易（**cap-and-trade schemes**），这二者孰优孰劣。后续我们将回到这些问题上来，但就目前而言，各种支持或者反对全球政策选择的观点，一定程度上来说都还停留在学术探讨层面。因为这些观点大多牵涉快速限制化石能源的使用，而对那些非常关注化石能源使用的国家（主要是那些开采、使用并销售世界上大部分的石油、煤炭和天然气的国家）来说，限制使用在政治上依然不现实。本章要讨论的是，除了普遍提高公众对于气候变化的意识之外，还需采取什么办法才能改变现状。我们主要关注三个关键领域：一是减轻富碳国家化石能源工业对政治和民意的影响；二是在全球范围内，为那些自愿确立比较有雄心的减排目标的国家摇旗呐喊，扩大其影响力；三是阻止资金流入化石能源储量及其基础设施领域。在下一章中，我们将讨论另一关键因素：在限制化石能源造成的碳排放的同时，花大气力提升低碳能源技术。

短期内，另外一件公民社会可以提出、同时也合情合理的要求便是出席气候谈判的必须是各国首脑。让级别较低的部长们来处理全球能源使用和地球大气的未来这类问题，这种做法就算称不上是令人担忧，也可以说是十分可笑。万亿美元的财产、全球地缘政治和人类的安全都处于重重危险之中，我们需要一个与之相匹配的政治进程。各国首脑参加谈判不一定会扭转乾坤，但是至少有可能取得进展。2009 年，正是因为首相和总统们出席了哥本哈根气候峰会，温控目标才得以最终达成，而一个全球性气候变化协议也因此才开始有了一线希望。[1] 每次气候峰会，我们都需要他们的参与。要让他们永远记住，我们这个时代的伟大政治遗产，不是短期的国内政策或经济政策，而是让这颗星球对我们的子孙后代来说依然安全。

克服化石能源利益

迄今为止，化石能源工业一直置身于气候变化争论的聚光灯之外，考虑到其产品是气候变化的根源之所在，做到这一点相当值得称道——尽管事实上许多公司都通过各种方式来阻止应对气候变化的进程，比如积极勘探化石能源新储量，建造新的基础设施，收买政客或者推动煽动性的宣传，等等。之前我们就指出过，富油国家的化石能源储量，在形成全球气候变化政治形势上发挥了重大作用。部分原因在于，与能源使用依赖进口的国家相比，富油国家因全球气候协议造成的经济损失更大；另一个原因在于，一个国家的化石能源工业规模越大，其对公共政策的影响力也越大。

富油国家的影响力非常重要，这一点是怎么说都不过分的。比如说，很难想象，在美国不同意扮演主要领导角色的情况下，一个全球性的气候变化协议能够顺利出台。但是，如果来自能源企业的钞票在美国的政治舞台上泛滥成灾，也很难想象美国会发挥领导作用。尽管总统奥巴马通过单边行动来解决气候变化问题的空间很大（比如否决有争议的基石 XL 输油管项目，该项目拟将加拿大油砂中提取出来的重油输送至美国的炼油厂和市场），但是，在全球气候变化协议这一问题上，由于国会参众两院议员的抵制——其中许多人都仰赖化石能源企业提供竞选资金——他也面临诸多掣肘。此前我们就看到过，那些在化石能源领域投资巨大的企业，每年要在竞选捐赠和游说上，耗费将近 5 亿美元之巨。

毫无疑问，我们未能解决好气候变化问题，当然不能完全怪罪于石油、煤炭和天然气企业。但是，那些为了一己私利而游说反对采取碳排放规制的企业，那些收买政客、散布误导信息、投资扩大储量而不是研发碳捕获或替代能源的企业，应该遭到点名和谴责，他们所做的一切应该受到全社会的抵制。这种抵制形式可能多种多样，从老派一点的抗议、请愿和消费者杯葛行动，到投资人和企业拒绝掏腰包资助政客。画廊和文化机构可能拒绝他们的赞助，机构投资者可能要求他们参股的能源企业不要再妨碍气候变化进程，或者干脆彻底从化石能源行业撤资。大西洋两岸的活动家们现在都在呼吁养老金、大学、教会不要接受化石能源企业的捐赠或从能源企业撤资。撤资可能不会造成太多直接的经济影响，因为如果有人认购了股票或股份，理论上来说肯定会有人接盘的。但是，撤资运动的快速发展，正释放出一个强有力的信号，并且凸显出化石能源生产现在面临着一个难以回避的道德问题，这有点类似于武器、烟草等其他有争议的行业。而且，这一想法也在不断获得动力。2012 年 12 月，西雅图市长成为支持这场运动的首位重量级政治人物，他给该市两大养老基金写了封公开信，鼓励他们，“未来避免投资化石能源企业，并启动将我们的养老金投资组合从这些企业中撤出的进程。”[2]

要挑战持续开采化石能源的合法性，另一个办法就是付诸法律。直到最近，还无法确切地说气候变化对哪个特定的天气事件造成何种影响。但是，这种状况已经开始发生变化。最新的归因研究可以较为有把握地指出，人为造成的碳排放引起的洪水或野火的可能性究竟有多大。气候学家麦尔斯 · 艾伦（Myles Allen）认为，那些因为全球气候变暖而蒙受损失的人，可以起诉化石能源行业，因为它们很大程度上要为他们的损失负责。这一观点至少从理论上提出一种可能性。但现实点来说，获得赔偿的概率仍然很小，特别是考虑到，任何单独一家公司，其碳排放与人类排放的总量而言，都微不足道。但是，倘若法庭认定，每家化石能源企业都难辞其咎，那么无论在世界上哪个地方，这样的认定都具有重要的实践价值和象征意义，哪怕这些企业只需要为气候变化的后果承担很小的责任。

某些国家如何发挥带头作用，并让其他国家紧跟其后

如果与化石能源相关的利益纠葛和根深蒂固的政治立场，导致气候变化进程难以在一些关键国家取得进展的话，那么其他一些国家应该怎么办？有两个显而易见的答案：一方面是增强政治压力——例如让气候变化成为所有国际论坛的关键问题；另一方面是快速削减碳排放（即使尚未达成国际性协议）以展现领导力。

有些国家已经这么做了。然而，正如我们在前面看到的那样，他们取得的进展，通常被全球能源和货物贸易，或者在国外支持化石能源开采活动等行为所抵消。一个例子是英国，其削减自身碳排放的做法就像是煮了一锅夹生饭，因为在减排方面取得的成效被那些从国外企业进口的碳强度很高的商品所抵消，而面对这一点，英国政府根本束手无策。另一个例子是澳大利亚，澳大利亚一方面对内征收碳税，另一方面又扩大其煤炭出口。还有一个例子便是欧盟，欧盟成员国一方面号称在全球气候外交领域发挥了领导作用，另一方面又利用 G20 平台，呼吁石油输出国组织增加全球石油产量。要真正发挥领导作用，各国不能仅仅考虑如何削减其国境以内的碳排放，更要考虑如何削减全球范围内的碳排放。这关乎更智能的分析和更联合的决策，但它也可能涉及某些全新的路径。

最近，有个想法正越来越引人关注，那便是将国际贸易和国内气候政策结合起来。前面我们曾经触及过这一话题，并提出了

一种可能行得通的方法：就是设立一个边境碳配额体系，确保那些从海外进口货物的企业接受可比较的碳规制，其比较对象就是在本地生产同类产品的企业的碳排放。类似政策也可用来限制化石能源的出口，以避免一种逐底竞争，否则哪里环保规制最宽松，哪里石油、煤炭和天然气的使用就会泛滥。

从实践层面来看，将进口和出口的碳足迹纳入到气候变化协议中的一个主要挑战在于，缺少有效而可靠的衡量方式。[3]不过，对于钢、铁、混凝土等碳强度高的原材料，可以采取合理估计的方式。即便这种方式仅局限于此类商品，其影响也将相当之大。另外一种方式是，不使用关税手段限制进口，而是就一些关键材料设定碳排放方面的最低标准（比如，限制用于生产铝的电力的碳强度），并禁止那些不能达到要求的商品。哥伦比亚大学的斯科特·巴雷特（Scott Barrett）曾经这样指出：标准一开始可以定得低一点，但可以逐渐提高，正如《蒙特利尔议定书》（Montreal Protocol）以及其他一些成功的环境协议一样，一个设计良好的禁令，甚至不需要强制执行就能够带来切实改变。[4]

至少从原则上来说，将贸易与碳政策捆绑在一起，不仅可以避免“碳泄露”（carbon leakage），还会软化国内抵制有雄心的国家碳排放目标的立场。同样重要的是，倘若碳排放－贸易政策设计合理，将刺激国外企业和政府强化本国的碳规制，以保持其在目标市场的竞争力，并确保其碳税交在国内而非国外。

尽管贸易是一个极为敏感的领域，近几十年来，贸易领域的最为强大的趋势是消除而非增加关税与规制。任何通过采用边境控制来加快气候变化行动的努力，都会招来保护主义的呼声，并在世界贸易组织导致棘手的法律问题。[5] 对于贫穷国家的影响，可以进行评估并加以改进，但是贸易战和政治后果的威胁，几乎不可避免。这一点在 2012 年就已经极为清楚了。当时，欧盟试图将国际航班纳入其碳总量管制与排放交易计划之中，此举意味着国外航空公司需要购买碳排放许可以覆盖其排放。当时，世界其他各国的航空公司强烈抵制此事，在巨大的压力下，欧盟最终将该项政策搁置至少一年。相关航空公司几乎都未因为破坏全球气候政策而受到公众批评。这是一个很好的例子，它说明更大的消费者压力有带来改变的巨大潜力。这个航空领域的例子表明，任何涉及贸易的更为全面的碳政策，都意味着更为艰难的政治对话。然而，在我们将领导人们推向艰难的政治对话前，全球应对气候变化的行动离最终目标仍相去甚远。

碳贸易政策仅仅是一个例子，它表明，很多国家都非常渴望针对气候变化问题采取的紧急行动能够帮助降低碳排放、并激励其他国家共同参与推动达成一个全球性协议。还有许多其他例子，从将这个问题拿到 G8 和 G20 的谈判桌上，到加大力度、帮助贫困国家在不需要化石能源的情况下获得能源安全，等等。一些国家的首脑可以承诺参加气候谈判，并呼吁其他国家领导人也这么做。但是，倘若上述这些措施无一发挥作用，或者，即便全世界已经准备朝着一个全球性协议前进，但仍有一个甚至多个国家继续阻止进程，该怎么办？2001 年，包括诺贝尔奖得主约瑟夫·斯蒂格利茨（Joseph Stiglitz）在内的三位经济学家撰写了一篇会议论文，在论文中，他们提出了一些选项，从动员公民社会“大规模抵制流氓国家的产品”，到“阻止该国参加诸如奥林匹克运动会等国际活动”。[6] 文章指出，“排斥法一直都被用来制裁那些拒绝遵从国际社会准则的国家”。尽管 2001 年以来的 10 年间，碳减排未能获得成功，但是类似观点却很少得到探讨。也许现在是时候了，因为尽管现在看起来这些想法可能不切合实际，但它们能够磨砺我们的思维。甚至于，也许有一天，它们最终能够派上用场。

化解碳泡沫

另一推进气候谈判的途径，便是各国政府更加认真地考虑采取金融规制，尽管与碳定价和全球政治相比，这一点并未引起足够的重视。正如在前文中我们向大家展示的那样，目前，大量资金正持续流入石油、煤炭和天然气开采及基础设施领域，仿佛全球变暖从未存在过，而全球气候目标也不过是天上的馅饼。煤炭企业至今仍在全球股市上起起落落，他们的招股书甚至根本没有提及其价值可能会受到全球气候变暖立法的影响。这真是叫人大跌眼镜。但更令人惊愕的是，全球诸多股市和养老基金都令人担忧地依赖于化石能源企业的健康发展。与此类似，对于银行和政府来说，继续为那些可能因为一个全球性的气候协议而贬值的资产提供资金或担保，也是毫无帮助的，不管这些资金会被用于非常规储量的发展，还是扩建汽车制造厂、机场或其他依赖于能源的基础设施。倘若“碳泡沫”的唯一风险，仅在于目光短浅的投资者可能会亏损，那么它可能还不是什么了不起的大事。但是，实际上，盲目的投资者可能会认为，化石能源经济将会永远持续下去，最终会演变成一个自我实现的假想，因为届时解决这一问题的方案将更为昂贵，政治上将更不具有可行性。

个别银行和投资者可以通过审慎思考其投资选择背后的碳影响，谨慎做出投资选择，进而对全球气候变化有所帮助，这里的投资既包括化石能源产业内的投资，也包括化石能源产业外的投资。在前文中我们曾经探讨过一个更为精细的撤资方式。但是，在这个问题上，金融监管者的角色可能更为关键。举一个简单的例子来说，监管者可以强制要求在本地股票市场上市的化石能源企业公开其储量面临哪些气候变化规制要求，包括哪些储量在某一碳价情况下可能就不再具备开采价值。仅此一点虽不会阻止化石能源的使用，但会让投资者对情况更加了解，进而强迫化石能源企业使其商业计划的碳影响更为透明。如果石油、煤炭和天然气产业希望说服投资者，让他们相信其储量并不存在贬值的风险，那么他们就必须付出更大的努力，来证明碳捕获技术是可行的。类似这样的规制还将会为保障养老金持有者和小投资者们提供保护，使得他们不至于遭受“碳泡沫”最终破裂带来的风险。

全球气候协议本身

刚才讨论的三个方面，以及将在下一章中论及的各项技术，它们的合力将会使一个切实的全球气候变化协议更可能得到实现。但是，一旦我们触及关键问题，这一协议究竟该如何架构？我们在第十二章中就曾提出过，在不进行太多谈判的情况下，从减排承诺迈向一个规章化的体系，做到这一点的时机已经成熟。但是究竟哪一个体系才是最佳选择？

经济学家们通常更倾向于全球统一碳税（a globally consistent carbon tax）的想法，因为它锁定了开采和使用化石能源的价格，使得业界和政府能够提前做出规划，避免碳价攀升太高。从实施的有序性和短期内政治上平稳过渡的可操作性来看，这一方式颇值得推崇。但是提前知道碳价，意味着无法得知实际的排放水平。而且，考虑到此前我们探讨过的在全球能源使用方面存在的反馈回路，似乎不管税率几何，我们都很有可能继续使用远超出预期量的化石能源，结果就是既浪费了宝贵的时间，又不得不要求政府将税率大幅提高至超过承诺的水平，从而保证不超出碳预算目标的范围。即使这种情况不至于发生，碳税这一概念在某国之内就不是那么受欢迎，就更别说在全球层面了。最近一份关于当代民调的评论表明，20 世纪 70 年代石油危机期间，除了更高的汽油税之外，美国人能够接受其他任何政策，甚至包括配给制。[7]

倘若我们抱着严肃认真的态度，下定决心不超出一个特定的全球碳预算范围，那么更可靠的选项将是预先锁定碳排放的水平，而不是价格。实现这一目标的方法将是我们前面讨论过的安全碳（safe carbon）的想法：就是要求化石能源企业去封存其开采出来的碳，而且封存的比例要持续增长。但是，对于一些更为贫困的国家来说，这一点不太可能获得支持，因为它不能反映其气候变化的历史责任。因此，一个更好的选择，也许是设立一个全球碳排放和交易计划，按照一个简单但可协商的模式（比如“收缩与趋同”），在各国政府间分配可交易的化石能源开采许可证。在这一模式下，每年或约定期限内的碳排放许可证的数量是预先确定的，目的就是要让化石能源使用总量与全球碳预算保持一致。那些将二氧化碳以安全的、经得起考验的方式封存进地下的企业可以申请额外的许可证。这也使碳捕获技术能够获得一个新的重大的驱动力。

我们暂不评论配额制度。预先控制碳排放意味着将碳价交给市场，同时也就意味着将消费能源价格也一并交给了市场。那么就存在一种可能性，由于竞争随之到来，能源价格将会飞涨。倘若出现这样的情况，我们将面临重大的政治和经济挑战。但好的一面是，远超预期的碳价，将会有助于加大对碳捕获技术、可替代能源以及能效技术的投入力度，在 20 世纪 70 年代石油价格暴涨期间就是如此。而且，如果许可证的价格很高，那么其持有者将有更大的动力去阻止任何稀释该计划的行为，从而促使其某种程度上更为强劲。

尽管每个建构全球碳协议的方法都有利有弊，但只要有充分的政治意愿和全球公民的支持，任何模式（即便现行的各国自愿承诺减排的模式）都可能会发挥作用。关键的挑战在于，要先步入那个阶段。

第十六章 尽力推动正确的技术

碳捕获和低碳能源扮演的角色。

化石能源的规制与可替代能源的发展这两者之间息息相关。任何一项对碳排放施压的政策，都会带来向可替代能源领域投资的增加。与此同时，可替代能源领域取得的任何进展，都会在经济上和政治上使对化石能源施加更为严格的规制。因此，尽管我们不能单靠清洁技术本身来削减碳排放（原因在于此前我们探讨过的“挤气球效应”的存在），但是，我们确实还是需要在控制化石能源使用的同时，投入更大的努力去发展并拓展清洁能源技术和碳捕获技术。

碳捕获

在写作本书的过程中，我们逐渐认识到，就开启气候变化国际进程而言，碳捕获是最被低估的技术——既包括传统的、针对电厂这类点上的碳源的捕获技术，也包括更为前瞻一点的环境空气捕获技术，即从大气层中直接捕获二氧化碳。这并不是说上述两种类型的碳捕获技术路线在未来数十年中，一定会得到多大规模的发展。重点其实非常简单，也就是说，碳捕获技术越是看起来切实可行，对于那些在化石能源储量和基础设施上存在大量利益关联的国家来说，一个全球性的气候变化协议就越不会看起来像是经济上的自杀行为。不仅如此，一次碳捕获革命甚至于可能有助于将全球的石油和天然气产业，转换成为问题解决方案的一个重要组成部分。在主导全球固碳（carbon sequestration）方面，没有谁比大型石油企业更具优势，因为这类企业规模庞大，且在钻探、铺设管道和化工处理方面拥有专业的技术。所以，一个具有可操作性的全球碳捕获市场，将会给予全球最具实力的一些国家和企业（也是那些将会因为减少化石能源使用而蒙受最大损失的企业）一个最强有力的支持气候立法的动机。

不过，迄今为止，碳捕获得到的支持可谓寥寥无几，一方面因为政府尚未确立正确的激励机制；另一方面，一些原本颇有前景的试点项目都以废弃或搞砸收场。一些环保团体称碳捕获危险、没有必要，但这些反对的声音并未奏效，试点项目附近社区的抵制也没有起到作用。从空气中捕获二氧化碳的技术甚至还没能达到这一步。克劳斯 · 拉克纳尔 (Klaus Lackner) 提出清洗空气中的二氧化碳，这个计划至今仍停留在架子上。按照拉克纳尔的说法，问题部分在于，大多数投资者对于需要很多年才能盈利的风险项目不感兴趣，或者也可以说，该技术对一个强有力的碳规制有着过强的依赖性，但很难保证这样一个碳规制能够顺利出台。政府以及关心全球气候变暖的投资人需要积极介入，推进这两项技术以更快的速度取得进展。比如说，政府可以强制要求那些在其领土上开采石油、煤炭或者天然气的企业投资碳捕获技术，甚至可以要求他们将其开采的一定比例的碳压回地下——此举也可以视为安全碳这一想法在国家层面的版本。

除了上述这些之外，政府和企业还可以加倍努力，在农业领域支持并发展一些能够将更多的碳存留进土壤的举措。

可再生能源

当然，碳捕获只能解决部分难题。可再生能源来源、能效技术以及储能技术也绝对至关重要——前提条件是他们需要与碳规制结合在一起，确保能够替代化石能源，而不是单纯地增加全球能源供给。这方面也同样存在巨大的提升空间，尽管现代的可再生能源，比如风能和太阳能正以超指数级的速度在快速增长，但是就全球能源供给来说，它们仍然可谓是九牛一毛，微不足道。而且，目前而言，只有少数一些大国在真正意义上（其中最为突出的是德国）将激进的可再生能源发展与切实削减碳排放结合起来了。

经济学家、环保主义者以及政策专家们在怎样才能最好地促进可再生能源发展这个问题上存在分歧。环保组织通常都认为，必须对其布局直接予以补贴，以扩大规模，用于弥补几十年来全球对于化石能源和核能提供的各种支持。但是，许多经济学家则更倾向于直接对碳征税的想法，让市场决定最终谁来替代碳的位置，而避免政府来挑选最终的赢家和输家。另外一些人则认为，真正的关键在于政府驱动资金，投入到下一代技术的研发之中。考虑到全球能源系统需要做出的改变幅度极大，我们认为上述途径需要多管齐下。当全球最终就碳规制达成一致以后，研发可能就会显得尤其重要，因为唯其如此方能确保我们手里掌握足够多的牌。但是，不管每个国家采取怎样的政策组合，我们都必须再一次通盘考虑全球“涟漪效应”的影响。

德国大规模部署太阳能光伏板是一个很好的例子。德国的太阳能使用之所以能够得到大范围推广，是因为民众对于其进行的大幅补贴，但此举也常常招致评论人士的批评，在他们看来，对于多云的国家而言，太阳能是一个估价过高的技术，经济上并无效率。没错，德国每千瓦太阳能发电的财务成本相对来说确实较高，但是传统的评估方式忽视了更为微妙的收益。比如说，德国几乎仅凭一己之力推动了全球太阳能产业的发展，大幅拉低了那些日照条件更优越的国家的太阳能装机成本，让那些生活在热带贫困国度的人，在一个全球碳排放协议面前，面临更小的经济风险。这一政策也刺激了中国太阳能产业的大幅增长，促成这个关键国家内出现了一个游说群体——为了拓展自己的市场，他们很可能会推动一个全球性气候协议的形成。更有甚者，实践表明，太阳能板会促使那些住在已经安装了太阳能板的建筑里的人节省其能源使用。而且，它们本身还有一个重要的角色，就是一个看得见的需要改变的象征物。

核能选项

最后，也是最具争议的是，核能是否可以成为一个选项？近年来，这个问题已经成为一个主导性问题。有多主导？那些关注气候变化的人花在支持还是反对核能上的时间，几乎与考虑如何减少全球化石能源使用上的时间一样多，而且在此过程中往往还会产生一系列衍生的麻烦。石油、煤炭和天然气的游说团体一定很开心，因为与此同时，针对真正削减碳排放的关注度就少很多，而这一点，正如我们前面已经向大家表明的那样，即便我们发展更多的核能和可再生能源，在全球层面上来说，也不可能快到足以满足要求。因此，围绕核能的争论的关键点在于，我们不能任由其将我们从如何让化石能源留在地下这个问题上岔开。这就是说，要尽早提出这样一个问题，即核能是否应该成为替代化石能源的未来全球能源组合的一部分，这非常重要。核能的规划和建设需要好多年时间，所以现在做出的决定将会影响 2020 年发生的事，而届时我们需要碳排放以极快的速度下降。

核能的主要弊端是众所周知的：首先是存在发生严重核事故的风险，尽管风险相当之小；其次是潜在的核扩散和恐怖主义的风险，尽管这些风险难以量化，但也绝对不能忽略不计；第三便是很难安全地储存那些放射性将持续数百年的核废料。上述的每个问题都极为沉重，并引发了无休无止的争论，尤其是自福岛核事故发生以来。福岛核事故，既可以让人们合理地认为其展示了核能的危险性，也可以被用来证明即使最糟糕的核事故，也没有通常想象的那么危险。[1]

硬币的另一面是，很清楚，在合适的环境下，核能可以以相对较快的速度生产大量的低碳电力。法国的情况确凿无疑地证明了这一点——法国电网几乎完全切换至核电，这也是历史上低碳能源发展最快的案例之一。1978~1988 年之间，法国的碳排放总量以平均每年 3.7% 的速度下降。法国之所以能够取得如此的成就，主要得益于其非凡的核电发展计划——这一计划的实施，让法国跻身成为全球碳排放效率（carbon-efficient）最高的经济体之一。让全世界都来仿效法国的领先模式，可能既不明智也不可行，因为铀资源供应是有限的，尽管新的核反应堆设计可以缓解甚至消除这一矛盾。

尽管大部分人都认同核能可以产生大量的电力。但是，争论更为重要的部分在于，对于各国来说，将有限的资金投向可再生

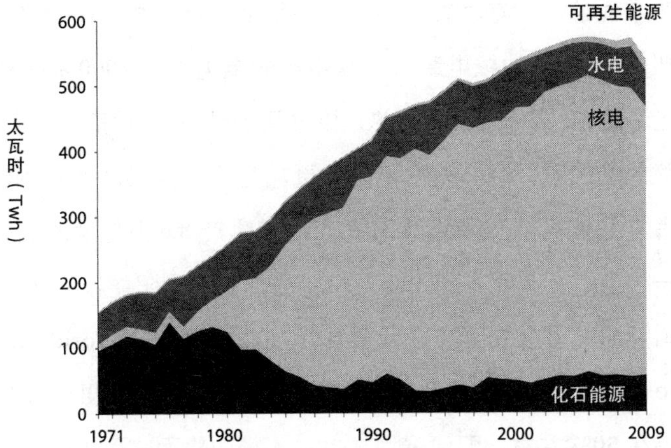

图 16–1　法国能源消耗同电力生产效率的关系

注：1980 起，法国电网开始大规模切换电源来源，耗时仅 10 年多一点时间，这在全球范围内可谓绝无仅有。在此过程中，法国电力生产快速增长，而化石能源的使用则快速下滑。上图是依据国际能源署的相关数据绘制。

能源、能效、储能以及碳捕获等技术领域是否是更好的选择。许多环保运动人士认为，这样做可能会更加合理。确实，正如他们指出的那样，可再生能源一直都在变得越来越便宜，有一些品种，比如陆上风电，已经比核电更便宜了（核电正变得越来越昂贵）。他们同时也援引有关研究，指出如果全球就碳排放达成协议，原

则上来说，不需要任何核能就有可能满足能源需求预期。这些都是非常有说服力的论据。但是，大多数主流的能源分析人士相信，反对核能将会使得一个已经极为困难的任务变得更加棘手、更为昂贵，特别是考虑到核能在提供稳定的电力“基础负荷”（baseload）方面非常优越。（有时候，媒体到处乱用数字，却往往忽略了一点，即 1000 兆瓦的核电装机，其生产的电力将是 1000 兆瓦的太阳能电站的 10 倍，原因很简单，核电几乎是 24 小时不间断生产。举个简单的例子，这一差别可能就更加直观：英国最大的核电站赛兹韦尔 B 核电站 (Sizewell B) 每年能够生产 8.6 万亿度的低碳电力——相当于在 200 万到 300 万座屋顶上装上太阳能板。[2]）

国际能源署在其《2011 世界能源展望》（2011 World Energy Outlook）中总结认为，要将全球气温升幅控制在 2 摄氏度的概率维持在 50% 左右，即便采用核电，人类也将面临巨大的技术挑战。国际能源署指出，没有核电，成本将“高出很多”，而且“鉴于如此快速地部署如此大规模的低碳技术，其面临的商业上的损失相当之巨，实践层面的限制也不一而足”，“很难肯定地说”可再生能源和碳捕获技术的发展速度能够快到足以弥补其间成本的差异。[3] 广受尊重的英国政府的能源科学顾问大卫 · 马凯（David Mackay）提出过一个类似的论点：“如果你曾经认真地研究过还算说得通的制定计划的途径，你就会得出这样的结论，那便是你几乎需要所有的一切，而且还必须得快，快到马上就要的地步……我认为‘我们可以基本通过可再生能力达到目的’的观点是不现实的……如果你打算这么做的话，成本可能将非常高，而且很多类型的可再生能源，比如风电场，将面临非常强大的阻力。”[4]

除非你将这些视角简单地斥之为错误（这么做，往好里说是冒险，往坏里说就是自私了），否则问题将变成世界是否已经对核电的弊端给予了足够的重视，从而给实施一个全球碳协议增加更多的成本，并带来更多的困难。鉴于气候变化威胁的复杂性，我们的观点是，如果我们自我设限，限制我们自己的选项，这无疑是愚蠢之举。最起码，参加反核运动似乎是对时间和精力的浪费。

在过去数年中，一个越来越受到关注、并且确应得到关注的领域，是有潜力的下一代核技术，比如钍基熔盐核反应堆（thorium liquid-salt reactors）和一体化快速反应堆（integral fast reactors，IFR）。使用这些技术，我们有望建成更加安全、建设上更为紧凑的电厂，即使发生福岛式的电力故障，也不会出现堆芯熔化的情况。与传统的核反应堆相比，这些技术对储存在其燃料中的能量的利用要多得多，非前者可比，它们甚至能够使用现存的高能核废料，因而能够一举两得，同时解决两个问题。根据一项最新估算，理论上来说，通过核燃料回收设施和快堆技术，英国的钚储备和铀废料可为该国提供500年以上的电力需求。[5]

20世纪60年代，美国政府证明了钍基路线的可行性，但该技术随即被搁置，可能因为这一技术不像铀基技术那么适合用于制造核弹头（这一点在过去可能是缺点，但如今却可能是一个重要的优点）。来自中国、美国以及其他地方的科学家们现在都在努力试图让这一技术重放光彩。一体化快堆技术也是由美国政府最新开发的，不过要晚很多。当时的进展非常理想，但在 20 世纪 90 年代中期，该项目同其他所有核研发项目一起被废止了，这恰好发生在关注全球气候变化成为热点之前。这一技术目前在商业上已经复活，通用 – 日立（GE Hitachi）现在将其推销给英国政府，用于处理钚废料。

这些新一代的核技术将来在商业上是否可行，是否会获得快速扩展并被公众所接受，还需要拭目以待。正如一些人认为的那样，它们还不是解决气候变化问题的一个良方。但是，它们又似乎确实拥有足够前景，值得人们进行研究、试验，而不是直接拒绝。无论是从技术的角度来看，还是从面临的风险来看，与数十年前相比，有关核能争论的背景已经大不相同。至少，所有那些长期持有某种观点的人，需要以一个全新的眼光来考量这个问题，这一点非常重要。

第十七章　应对土地和烟尘

我们要合理发展农业、保护森林，以熄灭燃烧的“火把”。

在限制化石能源排放的同时，削减其他来源的温室气体和细颗粒物也至关重要，包括森林砍伐，也包括我们在第四部分中讨论过的甲烷、煤烟以及其他会快速导致全球变暖的“火把”。一个合理的全球气候协议应该包含相关条款，将处理这些气体和细颗粒物列为优先事项，但同时又要提供一个自下而上的关键领域。其副效应是正面的，而且其财政和政治阻力相对较低。只要类似努力不至于成为无视化石能源问题的借口，那么这里面就存在巨大的潜力，我们可以非常轻松地解决 2 摄氏度门槛的问题。

甲烷和炭黑

一项由联合国环境规划署（the United Nations Environment Programme）和世界气象组织（the World Meteorological Organisation）共同开展的研究估算，单单解决甲烷和炭黑，就可能在2050年前使全球气温少升高0.5摄氏度，而且还可以“避免每年240万早逝案例，以及1%~4%的玉米、水稻、大豆和小麦的减产。”[1]该报告提出，只要在技术上采取简单措施，即可带来可观的收益，比如对砖窑进行升级改造，减少天然气管道的甲烷泄漏，推广节能高效的炉具，给柴油发动机安装颗粒过滤器，等等。上述领域已经有不少取得了进展。挑战主要在于要加快速度。

森林保护

谈到森林，我们前面就介绍过，目前的最新情况是，森林砍伐导致碳排放的趋势正得到遏制，这是令人鼓舞的。但是，全球人口正在持续增长，对于动物饲料的需求以及生物燃料的需求也在不断增长，考虑到这些情况，全球需要采取更大的努力，以确保这一现状能够继续保持下去。只要是能保持这一现状的做法，从某种程度上来说都会有所帮助，但是真正的关键在于，一些主要的森林国家的政府，比如巴西、秘鲁和印度尼西亚，他们需要采取更强有力的措施。单纯看发达国家的碳排放而不考虑其进口状况是毫无意义的，同样，单纯看巴西或者印度尼西亚的排放而不考虑其森林砍伐也是毫无意义的。

不过，如同讨论石油、煤炭和天然气一样，讨论森林问题，我们也需要牢记一个重要的历史背景。发达国家数百年前甚至上千年前就砍伐了其境内的大量森林，尽管这些森林中有的已经得到复种。现在富裕国家应该资助贫困国家的森林保护，真正弥补其因保留森林而带来的收入上的损失，唯其如此方能算公平。这方面已经有所进展，有些国家是通过双边进程开展这项工作的，也有的国家通过被统称为 REDD（Reducing Emissions from Deforestation and Degradation，哥本哈根会议提出的计划之一，其主要做法是住在雨林区的穷国若能不砍树，富国将给予财政奖赏）的市场机制来实现这一目标。然而，迄今为止，资助的资金规模依然很小，而且主要的出资承诺，基本上都来自一个国家：挪威。[7] 实际上，我们可以做得更多，而且所需资金规模也不会很大。即便不是为了在气候变化方面带来的好处，哪怕是为了其在生物多样性方面的效用，也值得去做。

厄瓜多尔的亚苏尼项目（the Yasuni Project）提供了两方面的信息。一方面，它让人们看到了希望的光芒；另一方面，在森林保护和化石能源储量方面我们究竟还有多远的路要走，这个项目提供了一个很好的例子。该项目是在亚苏尼国家公园内发现石油之后启动的——亚苏尼国家公园是地球上生态最为丰富的地区之一。厄瓜多尔政府清楚，在该区域开采石油，对于森林来说无疑是灾难性的，更别说石油本来就是主要的碳排放来源，因此该国政府于2010年向世界提出一个方案：如果发达国家能够在为期13年的时间里，向厄瓜多尔支付开采该地区石油的预期收入的一半价值，他们将让那里的石油继续留在地下，并保护其上的森林。几年之中，尽管仅筹到了占目标金额1/10左右的资金，项目经理们仍然对其前景表示出谨慎的乐观。[3]该区域的石油储量仅够满足全球10天的需求量，但在该区域，仅一公顷森林中拥有的树种、鸟类、爬行动物以及两栖类动物等物种的数量，就可能比整个北美还要丰富。在上述情况下，这样一笔交易谈判起来居然如此之难，着实令人担忧。同时，这也是一个严峻的提醒，倘若核销的石油储量并非位于生物多样性复杂的热点地区，那问题会有多么棘手。

不过，筹集资金只是热带森林保护问题的一部分，人类还有许多其他责任。其中之一便是要在削减化石能源使用方面做得更好，以避免更好地保护森林的呼吁给人以虚伪的印象。各国政府、企业以及消费者也可以避免使用与森林砍伐有关的产品，比如未经认证的棕榈油、热带产的硬木以及进口的生物燃料。非政府组织也可以在其中发挥作用，不管这是否意味着为生活在丛林里的原居民争取土地权，或者，如同慈善组织清凉地球（Cool Earth）已经做的那样，与生活在丛林里的社区紧密合作，确保保护森林将比破坏森林对当地居民更为有益。[4]为了确保过去几年中一些地区的良好趋势得以持续下去，应该提倡上述所有这些途径，并辅之以更加有力的监督和更为有力的执行，这至关重要。

食物和土地制度

解决森林砍伐问题将会抵消农业对于气候变化的大部分影响。但是，以低廉的代价减少农业带来的其他一些生命周期较短或较长的温室气体排放，这样做的空间同样极为巨大。而其中最为重要的手段，可能就是严肃地探索负碳耕作（carbon-negative farming）。在本书的第四部分，我们曾经探讨了一些潜力巨大的削减农业碳足迹的做法：包括更好的化肥管理，更精细的水稻种植，还有就是，如果全世界的消费者愿意接受的话，可以考虑减少对目前产量巨大的牛肉和羊肉的消费，转而食用其他肉类。不过，许多其他极具潜力的途径也崭露头角，比如培育更善于吸收氮的植物，从而减少其对合成化肥的需求。在负碳领域，一个特别令人兴奋的可能性，就是利用艾伦·萨弗瑞开创的模仿自然界野生畜群的放牧技术，这样一来，就存在将大量的二氧化碳封存固定在土壤之中的潜在可能。值得注意的是，虽然对该技术的宣传称其影响力极为巨大，并附带其他更为广泛的协同效应，但可以说，这种途径迄今为止受到的关注相当有限。

不过，不管我们种什么、吃什么，也不管我们在哪里种，在未来数年、数十年中，全世界都还将需要继续努力提高食物供给。这不仅仅是为了满足日益增长的人口的口粮需要，抵消气候变化本身带来的粮食减产，也是为了增加解决核心问题的机会——即有可能以更负责任的态度，利用产量更高的土地来生产能源或者进行森林复种。如果在实现这一点的同时又能够削减排放，那将意味着通过采用不同耕作系统的最佳技术和实践，在产出和生态影响两方面优化了全球农业——这一概念有时候被称之为“可持续的集约型发展化”（sustainable intensification）。[5]

让世界上那些较小的和较贫穷的农场获得合适的技能和设备，将是一种提高产量、帮助那些最脆弱的群体提高其适应能力的极为有效的方式。在高科技方面，关键的技术包括无土栽培（让植物在极端少水的状态下生长，这样做存在巨大的提升产量的潜力，而且使可用于农业生产的土地更多）和转基因技术（正如围绕核能的争论一样，针对转基因问题，我们鼓励各方都要用全新的、开放的视角来予以对待）。长期来看，甚至于实验室里培育出来的肉也可能存在潜力——有些证据表明，公众对于这一想法的接受度，可能会出乎意料。[6]

另外一个显而易见的缓解土地压力的方式，就是减少食物浪费，具体措施包括确保所有种植的作物都能够得以收割并进入食物系统，即便其形状不佳或者不符合当前挑剔的买家苛刻的要求。在贫困国家部署基本的储存设施将有助于限制损失，并帮助将食物安全地运送至最缺乏的地方。如果文化障碍可以克服的话，在世界上一些富裕的家庭中，也存在着减少食物浪费的巨大可能：即让这些家庭的成员们不要将那么多食物白白扔掉。由于零售商们矫枉过正地根据生产日期进行销售，并提供不恰当的特价优惠，丢弃食物这一问题更加严重。

倘若能够在以上这些方面取得更大的进展，那么在未来几十年里，我们能够大幅减缓全球变暖的速度，同时还能保证每个人都能吃得很好，生物多样性得到保护，并能够让全球的石油、煤炭和天然气使用的碳预算空间尽可能宽松。

第十八章 制定B计划

为什么地球工程技术既令人讨厌，又值得拥有？

前方的任务是艰巨的，而且，即便我们立即采取行动，仍然存在失败的风险。即便我们制定一个全球碳预算，也很难将排放控制在预算范围内。加拿大在最后一刻退出《京都议定书》的行为告诉我们：国际协议很少是无懈可击的。退一步来说，即便我们将排放控制在预算范围内，我们也可能时运不济，发现全球气候变暖的幅度位于合理范围的上限。我们已经将大量的变暖因素嵌进了整个系统，临界点很可能比预期的要来的早。正如我们看到的那样，管理全球排放完全就像是走钢丝。

这正是地球工程技术在未来可能发挥作用的地方。所谓地球工程技术，就是干预地球气候和碳系统的技术，外加直接从空气中除去碳。主要技术路线有两条。第一条涉及利用海洋将空气中更多的二氧化碳去除，并以一种惰性的形态将其储存起来。这一技术路线最温和的办法，可能就是一种被称为 Cquestrate 的固碳技术（Cquestrate，源于 sequestrate，同音，意为“扣押”碳元素），涉及要向海洋投放几乎超乎想象的大量石灰，此举一方面有助于去除空气中的碳，同时还能减少我们碳排放的另一个主要的副作用：海洋酸化。但是，尽管这一想法在原则上无懈可击，但是，利用石灰石生产足够多的石灰，这件事本身将需要一个庞大而又碳强度极高的工业体系来支撑。所以，只有采用碳捕获技术用以捕获其排放的碳，这一计划方言之成理。早先一些测算也表明，其成本甚至于有可能高于其他从空气中捕获碳的技术路线。[1]

一个替代方案是铁加富法（iron fertilization），就是将铁粉倒进水中，刺激浮游生物大量“繁荣发展”，在沉入洋底之前从空气中吸收二氧化碳，将碳固定在洋底长达数百年时间。此前，这一想法一直都被斥为不具有操作性。但是，2012 年发表的一项研究表明，它实际上很可能相对来说是有效的。[2]但是，在该领域一位权威研究者看来，即便没有副作用的风险，铁加富法可能每年也只能吸收仅仅一吉吨的碳——相比较于当前的排放，可谓九牛一毛。[3]为了这一点固碳规模，是否值得冒险干预全球海洋的化学性质，这还有待商榷，但继续开展进一步的研究似乎是明智的选择。

为了快速给地球降温，一个更为激进的方法是将地球表面遮蔽起来，不让阳光照射。这一点可以通过很多方法来实现，比如：

在海洋上空散布更多的反光云层，向大气平流层注入气雾剂，甚至于向地球同步轨道放置反光颗粒，等等。原则上来说，这种方法是有效的，至少在降低温度方面是如此。但是，我们无法预知其可能对生态带来怎样的影响，更遑论政治方面的后果了。恐怕只有那些最缺乏想象力的人才会意识不到此举可能无异于玩火。正如一名权威科学家最近对《纽约客》(New Yorker)所说的那样："尽管下面的话有点夸张，但事实就是如此，当你开始将阳光从地球反射出去，你可以很容易就能想象得到一连串的事情会发生，进而导致地球上的生命灭绝。"[4]即便不存在这一危险，遮阳技术也无法解决海洋酸化等重大问题，因为它们不能真正减少空气中的二氧化碳。

我们不应该心存幻想，因为如果有一天我们不得不求诸这类技术，那么人类将陷入混乱。但是，鉴于这类技术实在谈不上任何吸引力，我们还是得为重大意外情况的发生做好准备，包括开展遮光技术研究，推动相关治理问题讨论进程等。万一气候变化本身失去控制，而到时候我们又没有足够的招数来应对，那就悔之晚矣。

开展技术储备的第二个原因在于，我们要意识到，如果气候变化真的失去控制，那么人类肯定将要应付一个极为糟糕的状况。在环境方面，可能将有一系列的后果需要应对，尤其是生物多样性届时将彻底崩溃。全球农业产量将很可能面临大幅下降，将有大量的人口需要养活。气候变化将会带来城市基础设施的严重瘫痪，包括电力供应以及随之而来的供水、排水以及通讯的中断。届时，维持全球社会秩序也将殊为不易。我们可以祈求这样的世界末日不要到来，但是思考并为所有可能发生的事做好准备可能才是明智之举，这意味着我们要思考我们的孩子应该具备怎样的技能和态度，还包括应该如何从政治上应对一个全球规模的危机。如果类似这样令人不安的对话能够激发我们的动力，进而让更多对话变得多余，那就太好了。

第十九章 我能做什么

每个人的关键作用。

迄今为止，我们在应对气候变化方面的集体失败应该归咎于缺乏领导力。在社会各个层面，就是没有足够的人站出来，执掌乾坤，尽一己之所能，让世界朝着正确的方向前进。这里有一个真空地带有待填补，我们每个人，每个父母、每个孩童、每个投资者、每个建筑师、每个顾问、每个艺术家、每个律师，任何人都可以填补这一空白，而不只能是那些政治家们和商界领袖们，尽管他们绝对至关重要。

领导力可以有各种各样的形式。选民可以向他们的代表施压；投资者可以重新考虑自己的资产组合，不再要求化石能源企业致力于扩张其储量；有钱人可以资助环保运动团体；家庭可以减少自己的碳足迹；商界领袖可以勇于出头，要求政治变化，或者将气候变化议程以合适的方式融入自己的机构之中，让其对自己的商业模式有实实在在的影响；雇员和顾客可以要求并对商业领袖们抱有这样的期待……我们究竟应该付出多大的努力，选择何种斗争方式，应该由我们每个人来决定。除了有为胜于无为之外，没有任何其他铁律。而且，如果我们选择的斗争方式可以带来令人振奋的结果，那么它很可能将更为可持续，也更为吸引人。我们中的很多人都认为自己太过微不足道，不能带来任何改变。但是，我们付出的努力能够产生强大的社会和政治"涟漪效应"，远比我们想象的要强大很多。毕竟，如同气候本身一样，人类社会也是一个完完全全的复杂系统。每个人都相互影响，我们多数人距离那些身居高位的人，也不过几个等级的差距。任何有益的行动或言语都相互促进；反之亦然，任何负面的行为都会为整个进程带来阻碍。

这一点既适用于言语，也适用于行动。如果有一个人站出来，挑战一个荒谬的事实，一个夹生饭式的政策，或者一条欺世盗名的环保广告语，那么无论这件事发生在一次管理会议上，一家酒吧里，一档广播节目中，一间董事会会议室内，或者政府内部，对于周围的其他人来说，采取类似行动就会容易很多。如果一家主流媒体的员工向其老板发邮件，说她对公司有关气候变化的歪曲报道感到不安，此举将比环保运动人士发数百份邮件还要更有价值，报道的角度可能因此会发生些许变化。如果一个养老基金经理在一家矿业企业的年度大会上提出要求，希望了解这家企业的计划与世界已经明确提出的2摄氏度控温目标之间是何种关系，那么房间里的每个人都会发现自己在考虑“不可过度使用化石能源储量”这一问题。

这些影响并不总是直接的。如果一名广告业的高管拒绝为加拿大的油砂提供营销服务，尽管另外一家机构可能取而代之，但是这种调换可能会激发石油企业进行某种程度的自我反思，并让媒体界侧目。如果一名学生要求大学基金不投资化石能源，尽管其他人会购买相关股票，一些有影响力的学界人士将会被迫认真思考，体会石油、煤炭和天然气生产背后的道德意味。如此，则会触发对话。

同样的道理也适用于一些实际的减碳方面的举措。做出改变的口号将显得更加诚实可信，家庭和企业会变成实验室，全社会将会共同发现什么是有效的，什么是无效的。如果有人开始通过搭便车来削减自己的碳足迹，那么此举将会让同事们认为，有一天他们也可以这么做，这完全不是特立独行。如果一名来自发展中经济体的野心勃勃的生意人来到美国或欧洲，发现在这些国家和地区，富裕的同侪出于碳足迹的考虑，自愿选择骑车上班，或者避免不必要的商务旅行，那么他也会效仿这种做法。这就是局部行动的真正的益处：“反跳效应”或许会抵消其带来的减排效果，但是文化涟漪却有着不断复制的巨大潜力，让同样的改变一再发生。

上述这些措施，有哪一个能够单独带来什么不同吗？我们无法知晓。但是，也许可以借用鲍比·肯尼迪的措辞，这些“微不足道的希望之涟漪”将会“汇成一股洪流，足以冲垮最坚固的墙”。正如我们每向空气中多排放一吨碳，都会将整个气候系统朝着物理上的临界点推进一步一样，我们每个积极正面的行动，都会相应地将我们整个人类系统向做出应对的临界点推进一步。尽管气候方面的反馈回路对我们不利，但就社会层面而言，对我们却是有利的。文化变迁和运动为法律修订创造了政治空间，而法律的修订将会创造市场，市场又会有利于技术的规模化，最后规模化的技术将反过来促进文化的变迁，使得更好的法律、更大的市场成为可能，如此循环往复，形成一个良性的回路。

对于我们这个时代而言，最关键的问题在于哪个复杂系统先达到临界点，是气候系统，还是人类的应对系统。这是一场高风险的终极比赛。气候系统已经大大地抢占了先机，因为它已经获得了足够的动力，使未来数十年气候持续变暖的趋势在所难免。它很可能非常容易地达到临界点，那时，我们甚至有可能根本就意识不到悲剧的发生，还在争论问题到底是否存在。但是，人类的应对系统也有着迎头赶上的巨大潜力。如果我们能够克服整个社会层面的惰性、政治上的恐惧和隐藏在经济说辞下的利益纠葛，那么推动整个应对措施快马加鞭的潜力是有的。在我们之中，有越多的人要求改变，越多的人听到警钟的鸣响，或者越多的人努力去减少化石能源的使用，那么，我们获胜的概率就越高。那些协议和技术看似远在多年以后，但只要我们中有足够多的人决定为它们的实现付出努力，那么它们可能几乎在一夜之间就会变成现实。

或者，我们也可以依然故我：罔顾我们面临的风险，或者对其轻描淡写，将行动的责任弃置一旁。但是，这意味着我们要拿后代的未来进行一场极大的赌博。显然，作为一个拥有智慧的物种，我们不能这么做。

会吗?

致谢

本书吸收了难以数计的科学家和研究者们的成果，他们来自全世界的各个地方，对不同学科有着深入的研究。在此，向他们致以我们的谢意，尤其要感谢那些花费他们自己的时间，与我们一起分享他们专业知识的科学家和研究者。

我们感谢安迪·贾维斯（Andy Jarvis），他的有关碳排放呈指数级增长的研究起到了关键作用；感谢迈尔斯·艾伦（Myles Allen），他在累积排放（cumulative emissions）方面做了很多开创性的工作，而且在知识领域，从全球碳政策到气候归因在法律层面的意义，他给了我们诸多启发；感谢詹姆斯·利顿（James Leaton）、克里斯托弗·麦克格雷德（Christophe McGlade）和布莱恩·洛弗尔（Bryan Lovell），他们在化石能源储量和能源工业方面提供了大量建议；感谢格伦·彼得斯（Glen Peters），他提供了与全球贸易相关的排放数据；感谢凯文·安德森(Kevin Anderson)，他在排放曲线轨迹方面提供了极为坦诚的建议；感谢爱丽斯·鲍斯（Alice Bows）和尼克·翰威特（Nick Hewit），他们提供了有关食物和土地系统的深刻见解；还有迈克尔·雅各布（Michael Jacob）和亚历克斯·鲍恩（Alex Bowen），他们在气候经济学方面提供了建议。

还有许多其他同事、熟人和朋友，他们通读或讨论过书稿内容，并参与出谋划策，有意无意地提供了很多帮助。这些人数量太多而无法一一列举，他们包括：亚当·沃恩（Adam Vaughan）、安德鲁·迪克逊（Andrew Dickson）、安德鲁·米克尔（Andrew Meikle）、安东尼·戴维斯（Anthony Davis）、安东尼·史密斯（Anthony Smith）、布瑞尼·沃辛顿（Bryony Worthington）、克里斯·古达尔（Chris Goodall）、达米安·卡林顿（Damian Carrington），丹尼尔·沃金思（Daniel Vockins）、戴维·帕金森（David Parkinson）、埃德温·布思（Edwin Booth）、佛瑞德·皮尔斯（Fred Pearce）、伊恩·凯兹（Ian Katz）、杰里米·莱格特（Jeremy Leggett）、约翰·厄里（John Urry）、朱迪·马歇尔（Judi Marshal）、金·斯塔德威克（Kim Studwick）、利奥·希克曼（Leo Hickman）（他想出了“挤气球”的比喻）、马克·林纳斯（Mark Lynas）、菲尔·莱瑟姆（Phil Latham）、罗兰·钱伯斯（Roland Chambers）、汤姆·克拉克（Tom Clark）、特里斯坦·史密斯（Tristan Smith）、沃伦·哈特（Warren Hatter），以及伦敦大学学院能源研究所（UCL Energy Institute）的工作人员和学生们。

还有一些人为我们提供了实质性的帮助。感谢罗兹玛丽·格兰特穆勒（Rosemary GrantMuller），他汇总了一些基本数据；感谢詹姆斯·麦金斯西（James McKinstryWest），他完成了极其烦琐的参考书目；感谢瑞秋·加赛德（Rachel Garside）和克里斯·甘士达（Chris Kempster），他们完成了各式各样的分析；感谢伦敦尤斯顿火车站的贵格会咖啡馆的工作人员，他们为我们提供了免费场地，以便于进行长时间的思考和写作。在出版方面，我们感谢 Profile 出版社的全体人员，尤其是我们的编辑马克·埃林厄姆（Mark Ellingham），他签约出版本书，并且大大提高了本书的品质。还要向比尔·麦吉本（Bill McKibben）致以特别感谢，他不仅为本书提供了序言，还就气候变化问题对美国以及世界上的其他国家、地区和企业等持续施压。可以说，他做出了卓越的贡献。

在本书酝酿成稿的过程中，产生了诸多负面影响。最后，我要感谢容忍这些影响的人们。他们包括罗宾·休斯敦（Robin Houston），他忍受了对他和邓肯（Duncan）的业务发展无休止的干扰，还有基恩（Kiln），以及小世界咨询公司（Small World Consulting）的每一个人，感谢他们忍受迈克的干扰和其他许多稀奇古怪的问题。不过，最为重要的是，感谢我们的家人。因为本书，他们承担了本不该承担的辛劳和压力，以及我们许多个月、许多个日日夜夜的有家不归。谢谢比尔（Bill）、伊丽莎白（Elizabeth）、伊娃（Eva）、利兹（Liz）和罗西（Rosie），没有你们的耐心、支持和鼓励，我们将无法完成本书。

注释及参考文献

为便于阅读和使用，每条注释均包括转发的网址。一旦输入转发的网址，你的浏览器上就显示出相应的网页链接。我们还将这些注释上传到 burningquestion.info/notes 上，以便查阅。

【序言】

1. 比尔·麦吉本．全球变暖可怕的新算术 [J]. 滚石，2012， bitly.com/new-math.

【第一章：曲线】

1. 有关火在人脑进化过程中的作用，R．兰厄姆的《点火》一书是一个可读性很强的总结。更早些时候，人类的食物结构也促进了大脑的发展——比如说，当灵长类动物发展出色彩视觉，帮助它们在绿叶丛中发现成熟的果实，正如 W. R. 莱昂纳多等人在《大脑进化对人体营养和新陈代谢的作用》一文中描绘的那样。

2. 马可·波罗 . 马可·波罗游记：卷 1，第 30 章 [M]. bitly.com/mp-travels.
3. 威廉·斯坦利·杰文斯：《煤的问题》。原文如下：事实上，煤炭不是次要的，其重要性远超出其他所有商品。它是英国的物质能量——无所不在的援手——我们所做的任何事情都离不开的因素。有了煤，一切皆有可能或变得容易；没有它，我们将退回到艰苦贫困的早期时代。事实如此熟悉地呈现在我们面前：煤是有着种种品质的物质，有着不可思议的力量。年复一年，我们利用煤，创造了更大的牵引力，而这对于我们来说不再是奇迹。
4. “超过 500 艾焦”，出自应用系统分析国际研究所：《全球能源评估》，bitly.com/GEA-2012。据估计，一名工人可以提供的能量约为 100W 左右——足够点亮一盏老式电灯——相当于每小时 360,000 焦耳。按照一天 7 小时、一周 5 天来计算，一名“能源奴隶”每年能够提供 6.5 万焦耳的能量。一般来说，人均能源消费为 71 千焦左右（500 艾焦 /70 亿人），相当于有 110 名这样的“能源奴隶”。
5. 增长率的增长速度与增长率成正比例关系，如此循环往复。
6. 卡斯特大学的安德鲁·贾维斯及其同事指出，从统计上来说，人为排放符合指数级曲线，偏差幅度极小。这一点同样适用于能源利用方面。下列是他们研究论文里的数学公式（与第一章的图不同，它不包括水泥生产）：

U = e α (t–t1)

其中，U 指的是全球年度人为二氧化碳排放，主要来自能源使用和土地利用变化（单位：吉吨 / 年），α =0.0179 ± 0.0006 / 年（仅微幅偏离指数级曲线，表明其符合指数曲线的强度），t1 = 1883AD ± 1.7 / 年

对于能源使用，E = 每年能源使用的焦耳数 × 1015

E = eμ(t–t1)

其中 μ = 0.0238 ± 0.0008， t1 = 1775AD ± 3.5 / 年

注意 μ 比 α 大。换句话说，碳排放呈指数级增长的力度小于能源使用的指数级增幅，表明我们一直致力于降低二氧化碳浓度，正如第七节中描述的一样。

来源：安德鲁 · 贾维斯等 . 气候—社会反馈以及避免危险气候变化 [J]. 自然气候变化，2012，bitly.com/carbon-curve。而这篇文章则反复使用最确切的人类碳排放数据集—— T. A. 博登等：《全球、区域和国别化石能源：二氧化碳的排放量》和理查德 · A. 霍顿：《土地利用变更导致的大气中碳通量：1850~2005》，二者均来自二氧化碳情报分析中心，2010 。

7. 《全球二氧化碳排放趋势——2012 年报告》，源自荷兰环境评估机构，2012， bitly.com/neaa-2012。

8. 600 年后，我们的碳排放将达到 300 亿吨左右 [目前的碳排放量 × e(0.0179 × 600) = 1.38 × 1015 吨。其中， 32/44 是氧气，即 1.01 × 1015 吨，超出大气中氧气含量，其重量将占总重量的 20%，即 1.06 × 1015 吨]。

【第二章：朝着麻烦急进】

1. 例如，参见《“G8+5 学院”联合声明：气候变化和未来低碳能源技术改革》，2009，bitly.com/academy-statement。声明指出，各国首脑必须在降低碳排放方面达成共识，同时需要与人为原因导致的气候变化的负面后果作斗争。声明由多国国家科学院院长共同签署，包括巴西科学院、加拿大皇家学会、中国科学院、法国科学院、德国利奥波第那科学院、印度国家科学院、意大利林琴科学院、日本科学院、墨西哥科学院、俄罗斯科学院、南非科学院、英国皇家学会和美国国家科学院。
2. 美国国家海洋和大气局国家气候数据中心：《2013 年 1 月全球气温更新》，2013，bitly.com/335th。
3. 通俗易懂的气候学概述，可参见 R. 亨森 . 气候变化指南 [M]. 罗浮旅游 / 企鹅出版社，2011。阅读最新一篇政府间气候变化专门委员会报告，可以了解更多气候学资源（www.ipcc.ch and surprisingly layman-friendly）。旁证可参见物理学教授、前气候怀疑论者理查德 · 马勒负责的伯克利地球小组项目（www.

berkeleyearth.org），该工作组以研究近 250 年的气温记录为出发点，最后得出结论，全球变暖的主流观点——人类是主要祸首，是正确的。

4. 2006 年，英国皇家学会前主席马丁·里斯，在兰卡斯特大学戈登·曼利大厦奠基仪式上的演讲，也作了这样的推测。

5. 最新一篇政府间气候变化专门委员会报告指出，温度上升 0.74 摄氏度相当于上升 1.33 华氏度。来源：政府间气候变化专门委员会：《气候变化 2007：综合报告》，2007，bitly.com/IPCC-2007。

6. R. 托尔 . 气候变化的经济影响 [J]. 经济展望期刊，2009，bitly.com/tol-2009。

7. 政府间气候变化专门委员会第四次评估报告，第二工作组：《影响、适应和易损性》，2007，bitly.com/ipcc-agriculture。

8. P.C. 特兹达克斯等 . 测定当前间冰期的自然长度 [J] . 自然地球科学，2012，bitly.com/tzedakis-2012。

9. 美国宇航局的詹姆斯·汉森及其同事们发现，1951 年至 1980 年期间，每年夏季极端性气候事件足够影响仅地球表面的 0.13%（当时这些极端性事件偏离平均天气事件 3 个标准差），而现在每年影响地球表面多达 10%。因此，他们得出结论："我们可以非常自信地声明，像在 2010 年俄罗斯和 2011 年德克萨斯、俄克拉荷马发生的极端异常气候均是全球变暖的后果，否则发生的可能性非常小。"来源：汉森等 . 气候变化的公众认知与新的气候筹码 [J]. 美国国家科学院刊，2012，bitly.com/hansen-2012。

极端性气候事件归因气候变化的其他研究有：P. 帕尔等 . 人为温室气体对 2000 年秋季英国和威尔士洪水风险的促成作用 [J] . 自然，2011，bitly.com/pardeep-2011。

10. 一份可读性强的概述——《为何这是重要科学论文参考》，由美国宇航局地球观测站提供， bitly.com/climate-lag。

11. A. 戴维斯等 . 气候变化对阿拉伯本地阿拉比卡咖啡树的影响：预测未来趋势和识别优先权 [J]. 美国公共科学图书馆 · 综合，2012， bitly.com/climate-coffee。

12. 气候科学引人入胜的简短历史，以及对突变的风险公正描述和有说服力地提倡清理碳排放，参阅罗伯特 · 昆茨格，华莱士 · 布洛克 . 修复气候：气候科学的历史及如何阻止全球变暖 [M]. Profile Books 出版社，2008。

13. 官方也认可了 1.5 摄氏度，以此来承认 2 摄氏度温控目标可能会淹没许多低洼的岛国，但是实际上政策制定者没有助推这一目标的实现。

14. J.B. 史密斯等：《以更新政府间气候变化专门委员会报告来评估危险的气候变化》，M. 曼：《限定人类危险的干扰》，两者均出自美国国家科学院院刊，2009。

15. 詹姆斯 · 汉森，M. 萨托 . 古气候对人为气候变化的暗示，参见气候变化：对地质气候和地貌的推论 [M]. 施普林格出版社，

2012， bitly.com/hansen-dangers。

16. 参阅 J. 法苏禄，K. 特伦伯斯 . 更少阴天的未来：亚热带沉降对气候敏感性的作用 [J] . 科学，2012，bitly.com/less-cloudy。美国国家大气研究中心总结如下：气候模型预测显示全球气温较大幅度上升的准确性，可能要高于显示的较小幅度上升的准确性。

17. 政府间气候变化专门委员会推测，末次盛冰期温度比现在低 3~5 摄氏度，而现在的温度大约比前工业社会低 2.25~4.25 摄氏度。来源：《气候变化 2007：第一工作组：自然科学基础》[R]. 政府间气候变化专门委员会，2007，bitly.com/ipcc-ice。

18. 《极端温度》, 英国气象局，2011，bitly.com/prediction-Sources；也可参见英国气象局 4 摄氏度影响的可视化，bitly.com/met-4℃。

19. 凯文 · 安德森：《气候变化：超越危险》幻灯片演示，bitly.com/kevin-anderson。

20. 她说：事情的现状恰恰是让人无法接受的，因为我们有责任且有一个采取行动的绝好机会。能源使用造成二氧化碳排放处在历史最高水平，按照现行政策，我们估计能源使用和二氧化碳排放到 2020 年将增加 1/3，到 2050 年几乎翻一番。这可能会使全球气温在 21 世纪内至少上升 6 摄氏度。来源：F. 哈维，D. 卡林顿 . 政府无法改变灾难性气候变化[N]. 英国卫报，2012，bitly.com/iea-6c。

21. 前言引自《扭转升温趋势：为什么必须避免上升 4 摄氏度的地球》[R] . 世界银行，2012，bitly.com/turn-down-heat。

【第三章：万亿吨的限制】

1. M. 艾伦等 . 累积的万亿吨碳排放量引起全球升温 [J] . 自然，2009, bitly.com/allen–2009。其他相同主题的研究也有类似的估计。他们包括马尔特 · 迈因斯豪森等 . 温室气体排放目标——限制全球升温至 2 摄氏度 [J] . 自然，2009， bitly/meinshausen。简单来讲，在本书中我们坚持此项万亿吨研究，尽管需要注意的是，其他一些研究已经表明，稍低温度可以应对任一累积排放预算。可参见 H. 戴蒙 · 马修斯等 . 碳排放累积与全球变暖之比例关系 [J].自然，2009, http://bit.ly/ZSTmZa。通过观察最近 10 年温度变化的速度，显示出气候敏感性估计方面的进展，它可能会支持这些更乐观的评估——偏大碳预算才可能会触及 2 摄氏度，这一评估鼓舞人心。
2. 容易混淆的是，“碳”经常被当作“二氧化碳”的简写，但是它们在重量方面完全不同。石油、煤和天然气中每吨碳原子相当于 3.7 吨二氧化碳分子。这仅仅是因为二氧化碳分子式中包含两个氧原子和一个碳原子。

【第四章：地下能源太过丰富】

1. 在国家和公司之间，不同种类资源储量的术语和定义有很大的差异。有时这个比例描述产出的比例，而不是超出的比例。探明储量经常表示为“1P”或“P90”，探明储量加上概算储量为“2P”或“P50”，探明储量加概算储量加可能储量表示为“3P”或“P10”。有关储量的歧义和术语的精辟总结，可参见 C. 麦克格莱德 . 全球石油资源估算不定性之评论 [J]. 能源，2012，bitly.com/reserves-resources。

2. BP 世界能源统计，2011、2012 年评论， bitly.com/bp-sr。

3. 2004 年，荷兰皇家壳牌集团因夸大证实储量 20%，遭受多方批评。关于现代辐射尘的报告可参阅 T. 梅辛杰 . 石油巨头壳牌集团的投资者们震惊了[N] . 英国广播公司，2004，bitly.com/bbc-shell。

4. 美国政府对 32 个国家的可再生页岩气进行了评估，声称 169 万亿立方米技术型再生的页岩气，相当于全球传统天然气的经济可采储量。但 2012 年的美国政府官方数据，几乎削减一半，而英国夸德里拉资源公司最近声称，兰开夏郡页岩气储量达 5 万亿立方米——超出美国评估的 10 倍。同样如此，中国国内勘测的页岩气储量是美国评估的 2 倍。想了解更多的链接和背景知识，可参见 D. 克拉克 . 问与答：页岩气和水力压裂法 [N] . 卫报，2012，bitly.com/shale-gas-guide。

5. 图 4-2 的数据，来源于《世界能源展望 2012》，数据与其他来源如《英国石油公司的能源 2012 统计年鉴》中的大致匹配。

6. 这个议题第一次得到深入的探讨：P. 卡尔查，J. 汉森 . 峰值石油对大气中二氧化碳和气候的影响 [J]. 全球生物地化循环，2008，bitly.com/hansen-peakoil。

7. 数据直接由伦敦大学学院能源研究所的克里斯多夫 · 麦克格莱德提供给撰稿人，他们正准备出版，写作时尚未公开。
8. 国际能源署:《世界能源展望 2012》, 表 2.4：按地区和类型分类: 化石燃料储量及资源，结尾－ 201。
9. 为简单起见，烟囱排放的忽略不计，比如说页岩气开采中的甲烷泄漏。
10. 有关最顶峰观点的完整概述，可参见杰里米 · 莱格特 . 一半已逝 [M]. 波多贝罗书丛，2006。
11. 国际能源署：《世界能源展望 2012》，表 3.15：新政方案中按类型分类的世界石油供应。所谓新政方案，即世界能源展望的核心方案——将现下的、已公布的政府承诺和计划均考虑在内。

【 第五章：达成协议暂无希望 】

1. 例如，一项由卡迪夫大学心理学院的学者们发起的调查，大部分调查对象认为各国政府（32%）和国际社会（30%）是行动的主体。来源：A. 斯宾塞等：《英国能源未来与气候变化的公众视野》，2012，bitly.com/spence-2010。
2. 《联合国关于气候变化的框架公约》第二条，目标：本公约和缔约方大会正式通过的任何相关法律文本的最终目标是，按照公约的相关条文规定，保持大气中温室气体的浓度稳定在一定水平，以阻止对气候系统的危险的人为干扰。这一水平必须在一定的时间框架内完成，这一时间框架足以使生态系统自然地适应气候变化，确保食物生产不受威胁，保障经济可持续发展，bitly.com/unfccc-objective。

3. 这项决议声称，豁免发展中国家与气候变化需要全球行动相抵触，而且不利于环境保护。伯瑞德海格尔决议，bitly.com/kyoto-senate。

4. 政府声明遵从哥本哈根协议，并且认可坎昆协议。来源：climateactiontracker.org。

5. 德国环境经济学家汉斯－维尔纳·西恩提出的“绿色悖论”一度成为热门话题。存在效应和规模效应是讨论的主题。

6. 《联合国气候变化框架公约》德班协议的原文，可点击 bitly.com/durban-agreements。

7. D. 克拉克和 R. 休斯顿运用气候分析指标工具 9.0 版本的数据，绘制了地图。关于地图的交互式版本，可参见 carbonmap.org。1997 年，发达国家的碳消耗足迹占 383.1 万公斤，而发展中国家占 261.2 万公斤。2009 年，两线相交。来源：彼得斯等 . 2008~2009 年全球金融危机后，二氧化碳排放之快速增长 [J] . 自然气候变化，2012，bitly.com/peters-2012。邓肯详细记录在《卫报》，bitly.com/poor-overtake。

【第六章：反跳及涟漪】

1. 福特 T 型车耗油量为 13~21mpg，最高时速为 45mph。来源 : bitly.com/model-t-facts。菲亚特 500C 双气缸耗油量为 69mpg，经济性不断上升。一些原型汽车如大众 L1 混合动力车耗油量达 180 mpg。
2. 威廉 · S. 杰维斯 . 煤的问题 [M].1865。
3. 关于“反跳效应”的技术概述，参见《反跳效应：提高能源效率的经济节能迹象评估》，英国能源研究中心，2007，bitly.com/rebound-effect。戴维 · 欧文的《难题》一书总结了这场讨论的众多要素，具有很强的可读性。值得一读的还有许多欧文同落基山研究所效率提倡者埃默里洛文斯的在线讨论，部分讨论的链接：bitly.com/jevons-paradox。
4. 《英国能源消耗》，英国工业贸易部，bitly.com/uk-energy。仅照明的特殊情况下，总耗能量很可能随之降低，原因是市场上节能灯泡占主导地位。然而，即使是这样，显然，增长的消耗已经抵消了许多好处。
5. 将更有效且舒适的交通方式作为全部能耗的“放大器”，D. 欧文对这一想法在他的《难题》一书作了深入的探讨。
6. O. 米尔曼 . 澳大利亚开采大型煤矿计划威胁全球排放目标 [N] . 卫报，2012， bitly.com/megamine。
7. 报道称，这些计划已经在华盛顿引起轰动。来源：因西北大规模煤炭出口计划酝酿的纷争 [N]. 西雅图时报，2012，bitly.com/coal-export。

8. 《石油和天然气：石油许可指南》，能源和气候变化部门，bitly.com/uk-oil。

9. 英国技术战略委员会最近宣称，拨款一百万给中小企业，就可以刺激其创新加快石油、天然气行业的新技术应用发展，以提高生产及资产的可靠性。来源：石油、天然气行业的创新，bitly.com/tsb-oil。拨款只是燃料开采的一项补贴，这只是最近的一个例子。发达国家和发展中国家都在实施更大的税收减免和补贴政策。更多信息可参阅：D. 克拉克 . 化石燃料补贴和税收减免还在增加 [N] . 卫报，2013， bitly.com/fuel-subsidies。

10. G. 蒙博 . 苏格兰气候政策矫情、矛盾且适得其反 [N]. 卫报，2009，bitly.com/monbiot-fuels。

11. 彼得斯等 .1990~2008 年间，国际贸易促进了碳排放转移增长 [J] . 美国国家科学院院刊，2011，bitly.com/peters-2011。

12. 《政府应该公开外包碳排放》，英国国会，2012，bitly.com/outsourced-emissions。

13. 中国发电业造成的碳排放是英国发电业的 3.5 倍，主要原因是煤炭较英国混合能源便宜，且 1 千瓦时煤电含有较高碳强度。所以，相比于英国，中国工业碳管理的财政刺激低得多，因能源效率低下，差不多可以肯定位居因能源使用造成的碳排放强度榜首。

14. D. 关等 . 中国二氧化碳排放量的十亿吨差距 [J]. 自然气候变化，2012，bitly.com/guan-summary。

15. 众议院能源和气候变化委员会 . 消费型碳排放报告 [R]，2012，bitly.com/uk-outsourced。

16. 本质上，根据基于消费的报告，变更全球性的碳框架不一定能降低排放，因为只要他们转移发生的碳排放，就会鼓励一些国家投资更多重工业。来源：M. 雅各布，R. 马斯奇恩斯基 . 贸易相关的二氧化碳排放转移之诠释 [J]. 自然气候变化，2012，bitly.com/traded-co_2。因此，它不是灵丹妙药。但是，基于消费的核算是必需的，可以通过它，了解哪些国家在降低碳排放。

17. 提倡这一方法的有经济学家迪特尔 · 赫尔姆 . 碳危机 [M] . 耶鲁大学出版社，2012。

18. 不可否认的是，这过于简化了——尤其是因为，自金融衰退以来，碳排放实际上一直没有超过上限。然而，大致的观点是这样：当存在上限的时候，那么在这个上限内采取行动通常不会影响排放的总体水平。欧洲的碳排放交易机制能否对碳排放有大的影响是值得商榷的。设计上存在多方面的缺陷，例如过度的分配许可，结果是碳价格太低而不能促使显著的变化。另一方面，欧洲的碳排放交易机制至少已经表明，大面积的碳贸易机制是可能的，关于这一问题的概述，可参见什么是碳排放交易机制？它会发生效用吗？ [N].《卫报》sandbag 专栏，2011，bitly.com/ets-carbon。

【第七章：人口、金钱和技术】

1. 茅恒等式是由茅阳一发明，并以他的名字命名的。《二氧化碳排放控制对国内生产总值的影响：初步设想之诠释》，来源：政府间气候变化专门委员会能源和工业子群，1990。茅阳一，K. 横堀 . 环境、能源及经济：可持续性战略 [M] . 联合国大学出版社，1997。茅恒等式是最新唯一用来描述人类环境影响的类似公式组，其他最著名的一个公式，就是保罗 · 埃尔利希等人发明的 “I = PAT”，表示影响 = 人口 × 富裕 × 技术。
2. 不同来源的数据组合，可参见 burningquestion.info/data。
3. 世界银行数据网站公布，1960 年，全球平均生育率为 4.92%，2010 年为 2.45%，数据来源 bitly.com/fertility-rate。
4. 2005~2010 年，基于平均增长速度的所有数字，依据世界银行数据计算得出，bitly.com/population-data。
5. 彼得斯等人，依据国际碳足迹数据库作了推测，1990~2008 年间，国际贸易促进碳排放转移增长 [J]. 美国国家科学院院刊，2011，bitly.com/peters-2011。数据来源 bitly.com/peters-data。
6. 碳排放与人口增长的关系不一定总是泾渭分明，存在许多异常现象，如中东地区——燃料丰富、女性地位低——保持相当高的碳排放和出生率。而且，尽管许多国家的人口在缓慢增长，但碳足迹很高，如美国、英国。虽然广义来说，趋势很明显：大部分人口增长发生在不发达国家，大部分燃料使用却发生在别处。世界人口趋势，以及女性教育和地位，对降低平均生育水平方面所发挥的作用，有关这方面的深入研究和书面调查，可参见佛瑞德·皮尔斯．人口之震：大规模迁移，老年化国家和未来的人口崩溃 [M]. 伊甸园项目出版社，2011。

7. D. 萨特思韦特：《人口增长与城镇化对气候变化的影响》，国际环境发展研究所，2009，bitly.com/satterthwaite-2009。

8. 一篇最新发表的学术论文，参照一个相当复杂的模型，考虑各种因素如城镇化和老年化的影响，甚至指出，通过限制人口增长，到 2050 年碳排放将下降 16%~29%。奥尼尔等．全球人口趋势与未来碳排放 [J]．美国国家科学院院刊，2010，bitly.com/oneill-2010。

9. 《世界人口展望》（2010 年修订版），联合国，2010, bitly.com/un-population。

10. F. 皮尔斯．人口爆炸之设想 [J]．自然，2011，bitly.com/pearce-nature。

11. 《欠发达地区人口之快速增长》，联合国人口基金会，bitly.com/pop-trends。

12. “大致”因为人均 GDP 和人均收入有轻微差别。更精确的是，GDP 是指一个国家生产和出售最终产品、劳务的市场价值总和。还有普遍使用的、GDP 的孪生之一—— GNP（国民生产总值），是指一个国家（或地区）所有国民在一定时期内新生产的产品和服务价值的总和。两者均不能完全作为衡量生产力的标准，因为它们遗漏了未支付的服务，如照顾亲属等提供的志愿服务。

13. “适度稳定”，看到一条趋势线在滚动，你可以认为存在一条与经济周期相符的波动图形。

14. 仅举几个例子，约瑟夫 · 熊彼特认为创新是关键；亚当 · 史密斯曾以针厂示例，公开指出了劳动专业化及改进的商业进程；提姆·杰克逊和多位环保主义者声称文化价值是又一重要因素，尤其对能源的作用争论不断。主流经济学家也习惯性地认为，其在促进经济增长方面发挥较小的作用，原因是燃料和电力销售只占整个 GDP 的一小部分。然而，近年来，生态经济学家已经指出，能源在促进经济增长方面发挥的作用远比新自由主义经济认为的大得多。他们强调，这有助于解释能源可用性小范围下降——例如 20 世纪 70 年代石油危机——何以导致大规模经济衰退。关于这场争论的概况以及不同的学术论文，可参见 A. 范宁：《绿色经济的经济学、增长和能源》，Human Dimensions，2012，bitly.com/energy-growth。

15. R. 约克 . 经济增长或下降对二氧化碳排放之不对称效应[J]. 自然气候变化，2012，bitly.com/york-2012。

16. 关于收入增加有益于缓解人口增长的概述，可参见汉斯 · 罗斯林的 TED 演讲“全球人口增长，一个又一个箱子”，bitly.com/box-by-box。

17. 在《技术轨迹与人类环境》一文中，作者推测，“自 19 世纪中叶以来，这种长期的趋势，年平均数似乎为 1%，而 20 世纪 70 年代中期以来，一些国家的平均数则为 2%”，bitly.com/tech–trajectories。

18. 当前，总的来说，低碳能源使用占全球能源消费的 19%（截至写作本书之际），尽管大部分来自传统木柴、粪便和水电——不全都是可持续性，更别说快速增长了。关于近期此类数据的概述，可参见《2011 年可再生能源全球状态报告》，21 世纪再生能源政策组织，2011，bitly.com/gsr–2011。

19. 图 7-6 基于《国际能源署：2012 年世界能源展望》图 5.2：2001~2011 年世界一次燃料能源增量需求改编。注意：从消费者剩余角度来看，可再生能源会有更好的前景，原因是电厂的煤、天然气等能源存在热损失。但从天气的角度来看，唯一重要的是化石燃料使用。

20. 英国石油公司《世界能源统计 2012 年鉴》，bp.com/statisticalreview，各项数据均以可再生能源包括风能、地热、太阳能、生物能和废物的总发电量为基础。水电不在其列。

21. 本图由国际应用系统分析研究所提供。来源：A. 格鲁贝勒等 . 全球能源评估：面向可持续性的未来 [M]. 剑桥大学出版社，2012，globalenergyassessment.org。

22. 关于印度空调需求激增的生动概述，可参见 E. 罗森塔尔和 A.W. 莱瑞恩 . 万家凉爽，全球揪心 [N]. 纽约时报，2012，bitly.com/aircon–demand。

23. 这是邓肯·克拉克与快中子增殖核提倡者汤姆·布利斯之间的对话。当然，倘若快核反应堆成本低到满足这一作用，那么政策制定者们可能更早就控制了碳使用，世界将利用核能发电用于家庭及工厂供热，使天然气埋藏于地下。然而，鉴于许多国家现行的化石燃料设施、核电厂安装难度，这不一定是件易事。
24. 商品的边际成本和影响，指的是增加一单位的产量而产生的成本和影响。它可能明显高于或低于平均成本或影响。以煤电为例，继续使用一个发电厂的边际成本低于一单位电力的平均总成本，因为费用已经包含于电厂的建设费用中。边际需求也影响着其他所有的环境评估。例如，即使大部分国家使用可再生能源、核能和化石燃料等混合能源，边际需求几乎完全由化石燃料提供，因为考虑到没有燃料成本，任何核能电厂和可再生能源电厂通常是可用容量满负荷运行。所以，尽管一单位电力的平均碳足迹，比如说 500 克，需求增加一个单位（减少一个单位需求节约额）发生实际的碳足迹可能要高得多，比如说 900 克。
25. 《欧洲整合油类》，德意志银行，2009， bitly.com/oil-costs。
26. 《世界能源展望 2012 年报告》，通过情景模拟，世界一次能源需求和能源相关的二氧化碳排放。
27. 马克·斯科特.推动美国天然气输出津贴的新引擎 [N]. 纽约时报，2012，bitly.com/gasexports。正如引用这篇文章的一位能源高管说道：“美国在利用全球市场高价方面的潜力巨大……

我们必须尽可能积累资本。”

28. 针对水力压裂法产生的散性甲烷排放量，不同研究和报告已经得出不同结论。其中较悲观的一项研究是由 R. 豪沃思等人发起的，页岩地层自然气体的甲烷与温室气体足迹 [J]．气候变化，2011，bitly.com/methane-leaks。有关降低这些排放的难易程度看法各异。更多关于页岩气问题的背景知识，可参见 D. 克拉克．问与答：页岩气与水力压裂法 [N]. 卫报，2012，bitly.com/shale-gas-guide。

29. 石油输出国组织了 12 个国家的卡特尔组织，生产世界大部分石油，它通过设定同一生产指标来限制总出口量。这一措施既确保了油价处于高位，又增加了这些国家的地域政治影响力。无论个人或集体，这个组织的主要目的在于，协调统一成员国的石油政策，以及确定保护自身利益的最好手段。石油输出组织现在对全球石油市场的影响明显小于过去，因为有更多石油项目即将投产，尽管石油输出组织的生产指标仍然是决定全球能源价格的一个重要因素。

【第八章：核销】

1. L. 玛格日：《石油：下一场革命（讨论稿 2012-10）》，贝尔弗尔科学与国际事务研究中心，2012，bitly.com/oil-revolution。
2. 《不归路：我们必须避免大规模气候威胁》，绿色和平组织，

2013，bitly.com/carbon–bomb。

3. 英国石油公司指出，我们的“政策案例”，假定一项对二氧化碳排放的政治承诺逐步走向行动。即使在这种情况下，实现450ppm的路径依然希望渺茫。但到2030年，鉴于各国达成承担成本的政治意愿，降低碳排放量这一目标是有望实现的。我们要求与英国石油公司面对面商讨这些他们尚未回应的问题。
4. 截至写作本书之际，100美元是概数，是取布伦特原油112美元与西得克萨斯中间基原油89美元的平均值，bloomberg.com/energy。石油储备数据来源：英国石油公司——《世界能源统计2012年鉴》，bp.com/statisticalreview。
5. 达到一个适当的贴现率绝不是一门精密科学。英国国家统计局针对英国石油储备的估价时，提出了4%这一数字。他们写道：“这个比率接近于低风险债券利率，贴现率的选择是备受争议的，因为它牵涉到代际公平的平衡考量（这时候贴现率应该为0）、社会时间偏好、社会资本的机会成本以及(以石油和气为例)化石燃料在未来被替换的程度，或将证实有其他的经济用途。社会贴现率的准确价值很随意的，但4%这一数字已经得到欧盟统计局的工作小组的认可。”来源：《油气储量的价值》，英国国家统计局，1998，bitly.com/discount–rate。
6. 《不可燃的碳》，碳跟踪系统，2013。本书写作时正在起草过程中。既有趣又鼓舞人心的是，这个总市值与2011年同一报告中的相比，低1/3多。不清楚的是，价值损失中有多少（如果有的话）应归因于投资者，他们更加关注气候立法对燃料公司利润的潜在影响。

7. 此部分为个人与碳跟踪系统的詹姆斯 · 利顿的通信内容。
8. 国际能源署推测，政府持有大约 2/3 的证实煤储量、90% 的油气储量。来源：《世界能源展望 2012 年鉴》，表 8.12：按燃料类型区分，剩余化石燃料储量之潜在二氧化碳排放。
9. 这些粗略数据，根据价值 7000 亿美元的上市煤炭公司和价值 33000 亿美元的上市油气行业的化石燃料活动得出（占全部油气储量的 10%）。
10. 一项德意志银行的评估指出，主要生产商的平均成本是一桶 7.7 美元，而阿联酋、科威特和沙特阿拉伯的一桶成本则低于 2 美元。来源：欧洲整合油类，德意志银行，2009，bitly.com/oil-costs。相反，最近一项分析指出英国石油公司的生产成本近于 40 美元 / 桶，并建议边际成本（新产一桶的成本）达到 100 美元左右。来源：凯特 · 麦肯齐：《石油生产的边际逼近 100 美元 / 桶》，2012，bitly.com/extraction-costs。
11. 2000 年 3 月，美国纳斯达克公司的市场价峰值为 67000 亿美元，2002 年 10 月，降到最低点 16000 亿美元。盖瑟和赫梅莱夫斯基.互联网泡沫的恐惧——维尔森 2.0[N].洛杉矶时报，2006 年 7 月 16 日，bitly.com/dot-com-crash。
12. 每年，英国石油公司的《世界能源统计年鉴》是能源储量数据的标准源。最新的版本可点击 bp.com/statisticalreview。本书的数据均来自 2012 年年鉴，而地图则来自 2011 年年鉴，当时委内瑞拉的储备似乎要少些。

13. CarbonMap.org 中的地图，是由邓肯 · 克拉克和罗宾 · 休斯顿根据英国石油公司《世界能源统计 2011 年鉴》绘制的。注意，英国石油公司的数据仅罗列了储量大的国家，其余的则被罗列在“非洲其他地区”“亚太其他地区”。这些未分配的碳排放仅占预计总额的百分之几。对于在这张地图上，每个区域未被分配的储量，按照他们的表面面积，已经在未列入国家间进行了分配。

14. 卡塔赫纳对话会没有正式会员国，组织松散。我们列举了以下成员国：安提瓜和巴布达、澳大利亚、孟加拉、比利时、布隆迪、智利、哥伦比亚、库克群岛、哥斯达黎加、刚果民主共和国、丹麦、多米尼加共和国、埃塞俄比亚、欧盟、法国、冈比亚、德国、加纳、格林纳达、危地马拉、印尼、肯尼亚、黎巴嫩、莱索托、马拉维、马尔代夫、马绍尔群岛、荷兰、新西兰、挪威、巴拿马、秘鲁、波兰、卢旺达、萨摩亚、西班牙、瑞典、瑞士、塔吉克斯坦、坦桑尼亚、泰国、东帝汶、阿联酋、英国和乌拉圭。上述举例来源于多家新闻稿，以及环境研究学的学生塞西莉亚 · 皮内达组织开展的采访，bitly.com/pineda-2012。我们已将墨西哥和南非排除在外，他们被列为旁观者。根据这份名单，我们计算得出，欧盟、卡塔赫纳对话会、小岛国联盟及非洲共控制已被证实的化石燃料碳储量的 19.8%。

15. 储采比来源：《2012年世界能源统计年鉴》，英国石油公司，bp.com/statisticalreview。
16. 依据资料来源：国际能源署《2012年世界能源展望的图表》中的图8.12，按类型划分，剩余化石燃料储量之潜在二氧化碳排放。
17. 例如，2010年，英国股市的41%被外国投资者持有，9%被保险公司持有，5%被养老基金持有（历史最低），16%为被其他的金融机构持有，12%被英国个人持有。资料来源：《统计公报：英国上市股票的所有权》，英国国家统计局，2010，bitly.com/ons-shares。
18. 《不可燃碳：世界的金融市场正呈现一个碳泡沫？》，碳追踪行动小组碳跟踪系统，2012，bitly.com/carbonbubble。
19. 汇丰银行全球研究中心：《石油与碳之再论："不可燃"储量的风险价值》。
20. 汇丰银行的分析是建立基于国际能源署450ppm的构想上做出的，该构想包括主要的CCS转出部分，如本书第十章的图10-1所示。这个构想假定，气候变化问题可通过国家承诺减排得到解决，即使终端用户支付的价格随碳价格上升而上升，此举仍可通过降低全球贸易价格的影响来压低要求。倘若开采方面存在全球总量管制与交易制度，那么贸易价格可能会升高，但因为获得许可证需要费用，利润率或许将会有所下降。
21. 数据来源：opensecrets.org/industries，截至2013年2月。以下

是有关替代能源行业的数字，其中 250 万美元用于竞选募捐，2800 万美元用于游说。投资化石燃料的所得，超过 2/3 由共和党支配，尽管有可观的一部分为其他政党的政客所用，包括奥巴马总统本人。据报道，他花了油气公司 884000 美元用在 2008 年总统大选上，bitly.com/os-oil-gas。

22. 在挪威北海的斯莱普内尔项目，将二氧化碳注入回气井，是为了避免支付碳税。一些研究〔如 R. 阿特斯等人的《最近的时移地震数据，未显示斯莱普内尔二氧化碳注回气井存在泄漏迹象》(温室气体技术国际会议，2004)〕表明，这里没有发生泄漏的迹象。

22. 例如，R. 阿特斯等：《最近的时移地震数据，未显示斯莱普内尔二氧化碳注回气井存在泄漏迹象》，温室气体技术国际会议（GHGT-7），2004。更多的参考，可参见保佐等：《全球二氧化碳注入地下盐水层的基准点》，苏格兰碳捕获和储存中心，2010，bitly.com/hosa-2010。

23. 关于 CCS 技术的完整概述，可参见帝国理工学院格兰瑟姆研究所的简报。有关碳捕获和储存的单独论文可点击 bitly.com/icl-publications。

24. 2003 年，美国第一流的 CCS 项目——是由乔治 · 沃克 · 布什总统于 2003 年发起的未来电力计划，其目的是实现伊利诺斯州的马顿市的煤电零排放。几番周折后，到 2008 年，政府资金最终撤离了。奥巴马上任以后，该项目以未来电力 2.0 之名被重新启动。在英国，CCS 支持开启了一项政府经营的竞争。该项目受到广泛批评，这一广受批评的项目在 2011 年年末，达到危机高峰遇到了立项以来最严重的危机，当时，剩下的唯一竞争者也退出了，bitly.com/guardian-longannet。

25. 全球 CCS 技术研究所网站公布了一张最新 CCS 项目清单，bitly.com/ccs-projects。
26. M. 布伦特：《格兰瑟姆气候变化研究所第四期简报：二氧化碳储存》，2010，bitly.com/ccs-volume。
27. N. 麦克拉沙恩等：《格兰瑟姆气候变化研究所第八期简报：负排放技术》，2012，bitly.com/negative-carbon。
28. 每桶 95 美元的数据来自格兰瑟姆论文引用的注释，是根据拉克纳尔自己的数据。然而，拉克纳尔也预测了更低的长期成本。例如，在 2009 年 9 月伦敦帝国大学的演讲中，他指出，每桶 30~40 美元可能最终是符合实际的。
29. R. 昆茨格，W. 布勒克 . 修补气候：气候科学历史与如何修补全球变暖 [M]. Profile Books，2009。本书中提到了拉克纳尔努力创造碳洗涤器的历程，具有可读性。
30. 克里斯 · 古多尔 . 修补能源与气候的十项技术 [M]. Profile Books，2009。这本书对每种方法作了完整综述。
31. 2013 年，萨弗瑞在 TED（以技术，娱乐，设计为主要研究方向的大会）做了题为《怎样绿化地球上的沙漠并逆转气候变化》的演讲。该演讲是对萨弗瑞的方法的入门介绍。获得有关该演讲的信息，请点击 bitly.com/savory-ted。

32. 《用地球工程改变气候：科学、治理和不定性》，皇家学会，2009，bitly.com/rs-geoengineering。

33. 该声明是在萨弗瑞的 TED 演讲中被提出的。本书写作期间，可点击 bitly.com/savory-ted。

34. A. 萨弗瑞：《应对全球气候变化之全球战略》，bitly.com/savory-climate。

35. 截止到 2012 年中期，国际汽车制造商协会的网站公布，全球汽车工业营业额达到 18,898,400 亿欧元，相当于 2.3 万亿美元。数据来源：oica.net/economic-facts。按照沃德汽车发布的消息，2010 年，全球共有 10.15 亿辆登记车辆，其中还不包括越野车，bitly.com/wards-auto。

36. 国际能源署：《世界能源展望 2012》，第八章：能源储备中的碳及能源基础设施。

37. S.戴维斯等.现存的能源基础设施造成的未来二氧化碳排放和气候变化[J].科学，2010，bitly.com/davis-2010。

38. A. 杨，Y. 崔：《全球煤炭危险评估：数据分析与市场研究》，世界资源研究所，2012， bitly.com/wri-coal-risk。我们进行如下的保守计算：世界资源研究所发现，1,401,278 兆瓦的煤电装机容量，假设一年实际发电 7000 小时，一年将发电 100 亿兆瓦时，或者 35 年的使用周期共发电 3500 亿兆瓦时。现在，英国 1 兆瓦时的煤电产生约 910 千克二氧化碳。倘若我们以提高发电站的效率使这一数字减至 800 千克，那么发电站在使用周期内共排放 2800 亿吨二氧化碳。超过 1/3 的剩余碳预算，存在 75% 的可能性以限制全球温度上升 2 摄氏度。

39. 数据来源：国际汽车制造商协会，其按国家和年份发布的统计数据。

40. 戴维斯等人列举了轿车、轻型卡车和重型车辆（卡车和公交车）的使用年限，分别为 17 年、16 年和 28 年（此数据源自美国）；而以煤、天然气和石油为燃料的（发电厂）的寿命分别为 38.6 年、35.8 年和 33.8 年。

41. 根据中国民航局局长李家祥的评论，可参见梁冬梅：《计划的 70 座新机场，航空官方称》，财新网，2012，bitly.com/china-airports。

42. 这样的过程是可能被实现的：有了足够的清洁电力，我们可以从水中电解氢气，可以从大气中捕捉二氧化碳，而将两者结合后的化合物可以产生合成液体燃料，这种燃料能实现有效的碳中和——产生有效的碳中和元素。尽管这一办法在成本上与电力型汽车无可比性，但从理论上说，在碳排放受限的地区，它有益于飞机、其他的交通工具，以及需要液体燃料的装置。一家英国公司正探索这一技术，A. 霍夫在他的文章《英国工程师们创造奇迹般的“大气中的石油”技术》中作了描述。来源：每日电讯报，2012，bitly.com/air-fuel。

【第九章：增长之辩】

1. 迈克为“10:10运动组织”做了这个分类。在这一分类中，所有的碳排放均被分配到终端用户。因此，例如，“纸和印刷业”名下的碳排放不仅包括用来砍伐树木时燃烧的燃料、加工纸浆时消耗燃料带来的排放，而且还包括本行业工作人员使用笔记本电脑和乘坐航班所带来的排放，甚至包括由金融和法律公司造成的纸业碳排放份额。这一方式被称为“输入—输出”碳足迹，它构成了迈克主要专业工作的基础。同一数字的另一分类显示在下面的图表中。
2. 2012年春季，这家公司——行星资源公司——开启了伟大的媒体宣传。其投资者包括谷歌的埃里克·施密特和拉里·佩奇，以及《阿凡达》导演詹姆斯·卡梅隆等人，Planetaryresources.com。
3. 2012年11月14日，即在总统大选和飓风“桑迪”后，奥巴马第一次发表了长期的气候变化声明。他说：“如果这一消息从某一角度表明，我们只去应对气候变化问题，从而忽视就业和经济增长，我认为没有人会愿意这样。我也不会这样做。倘若从另一方面来说，我们可以形成一个日程——既可以创造就业、促进经济增长，又可在气候变化上严重一击，并成为一名国际领导者，那么我相信这将是美国人民愿意支持的。”可点击bitly.com/obama-growth。

4. 《斯特恩报告：气候变化的经济学》，英国财政部，2006，bitly.com/stern-review。
5. K. 安德森，A. 鲍斯 . 远离危险气候变化：新世界的碳排放情境 [J]. 皇家学会哲学学报，2011，bitly.com/beyond-dangerous。
6. 提姆 · 杰克森的观点，可参见 P. 维克托，提姆 · 杰克森 . 绿化岂是易事 [J]. Dimensions，2012，bitly.com/not-easy-green。这篇文章得出结论，绿色增长在技术效率方面的要求是史无前例的，几乎可以肯定实现不了。也可参见杰克森 . 谁说经济一定要增长 [M]. 地球瞭望出版社，2009。或他为英国政府可持续发展委员会撰写的同一标题报告，bitly.com/prosperity-growth。
7. 国际能源署：《世界能源展望 2011》。
8. 斯特恩报告对此作出自己的结论，这一结论具有争议性，但可以说其合理性不亚于其他论点。斯特恩以每年 1% 的社会折现率为例，大致是基于这样的观点，即我们子孙的生活同我们自己的一样重要，但也许不管我们做什么，他们都不可能存在——这样的话任何努力均是白费。
9. R. 威尔金森，L. 皮克特. 精神层面 [M]. 企鹅出版社，2010。该书通俗易懂地展现了许多缺陷。更多关于 GDP 的经济限制，可参见 J. 施蒂格利茨等：《经济实绩和社会进度度量委员会之报告书》，2009, bitly.com/social-progress。
10. 不完全清楚的是，谁先说该度量的均已度量。这一措辞与比如汤姆 · 彼得斯和皮特 · 德鲁克等人广泛联系在一起，但这一观点至少可追溯到开尔文男爵时期，他在 1883 年写道："当你能度量你所说的事物时，并可用数字衡量，你就对它有所了解；但当你不能度量它时，不能用数字衡量，你对它可谓知之甚少，无法令人满意；它可能是学问的开始，然而你的思维几乎没有上升到科学阶段。"来源：威廉·汤普森：《受欢迎的讲座和演讲》卷 1，1889。

11. 国民幸福网站 (bitly.com/national-happiness) 对这一度量标准总结如下：国民幸福指数这一术语，是 20 世纪 70 年代不丹第四世国王陛下吉格梅·辛格·旺楚克创造的。这个概念意味着可持续发展针对进步的观念应采取全盘的考虑，给予幸福的非经济因素同等看待。国民幸福指数包含四大支柱：政府善治、经济增长、文化发展和环境保护。最近这四大支柱已被进一步细化成 9 个区域，以取得广泛认可及反映国民幸福指数价值的全面性。9 个区域分别是：心理健康、卫生、教育、时间利用、文化多样性和恢复性、政府管理、社区生活、生态多样性和恢复性及生活标准。这些区域是不丹人民幸福的全部组成部分，这里的"幸福"指的是，根据国民幸福指数概念设定的指标和价值，实现幸福生活的全部条件。

12. J. 施蒂格利茨等：《经济实绩和社会进度度量委员会之报告书》，2009, bitly.com/social-progress。

13. "国家的处理方式"是国家统计局在他们的项目启动文件——《衡量关键因素：国家统计学家针对衡量国民幸福的全民大

讨论之反思》中使用的。来源：国家统计局，2011，bitly.com/ons-well-being。

14. 在《国家可持续边界》牛津经济政策评论中，迪特尔 · 赫尔姆称，自然资源应该作为创造财富的资产。

15. 关于卡梅伦的“每个部门均应成为发展部门”的评论，可参见 P. 温特 . 开启跨党派希思罗机场跑道会谈 [N]. 卫报，2012，bitly.com/heathrow-runway。关于交通大臣贾斯汀 · 格雷宁的免职背景，可参见卡梅伦重组政府：政治生活博客 [N]. 卫报，2012， bitly.com/cameron-reshuffle。有关七国集团对石油输出国家组织的呼吁，可参见普拉茨：《七国集团敦促增加石油供应》，2012，bitly.com/g7-opec。 这一声明是该组织金融大臣们发表的，并称：“我们鼓励石油产出国增加产出以满足要求，同时谨慎利用过剩产能。”

【 第十章：全球麻木不仁 】

1. 丹尼尔 · 卡尼曼对多种认知偏差的论述作了极好的总结，具有很强可读性，可参见丹尼尔 · 卡尼曼 . 思考之快与慢 [M]. 企鹅出版社，2012。

2. T. 沙罗特 . 乐观偏差：为什么我们只看到好的一面 [M]. 万神殿出版社，2011，bitly.com/opt-bias。

3. R. 道金斯:《可持续性不是自然而然的: 达尔文主义的价值观》,

其为可持续性价值观论坛的就职演讲。来源：The Environment Foundation，2001，bitly.com/dawkins-talk。

4. C. 卫拉曼特雷等 . 未来的守护者：保护世界不受环境威胁 [N]. 卫报，2012，bitly.com/wfc-idea。

5. 戈伊伯特等：《天气、气候和世界观：地方气候模式之公众看法变化的起源及后果》，2012，bitly.com/weather-perception。

6. C. 拉普利 . 气候科学：是时候逆流而上了 [J]. 自然，2012，bitly.com/ramp-up。

7. 莱丝洛威茨负责耶鲁大学气候变化交流项目。B. 加德纳 . 我们都是气候变化的白痴 [N]. 纽约时报，2012，bitly.com/climate-idiots。

8. N. 奥雷斯克斯，E. 康韦 . 贩卖怀疑的商人：一些科学家如何掩盖从烟草烟雾到全球变暖之真相 [M]. 布鲁姆斯伯里出版社，2010。更多本书的内容及人为全球变暖的悠久历史背景，可观看奥雷斯克斯在罗德岛大学维特勒森的演讲视频，2010，bitly.com/oreskes-talk。

9. 2005 年发表的论文表明，早在几年前，美国副国务卿葆拉 · 多布里扬斯基曾致信海湾合作委员会，称布什总统“拒绝《京都议定书》部分原因在于你们的投入。”来源：J. 比达尔 . 揭露：石油巨人如何影响布什政府 [N]. 卫报，2005，bitly.com/gcc-bush。

10. 海湾合作委员会网站在其关闭后，说道：“全球气候联盟已经被遣散了，气候变化的行业之声通过促成全球变暖的一种全新国家方式达到其目的。布什政府很快宣布了一项气候政策，即有望依靠发展新技术以减少温室气体排放，这种观点得到了海湾合作委员会的大力支持。”该网站可通过互联网档案馆直接访问，bitly.com/gcc–archive。

11. 你会很容易发现商业网站，例如，bitly.com/cei–co2。CEI 的投资者包括埃克森美孚国际公司和美国石油协会，可参见 J. 阿肯巴克 . 暴风雨 [N]. 华盛顿邮报，2006，bitly.com/cei–funders。

12. 来源：哈特兰学会新闻稿，可点击 bitly.com/heartland–press。这场特殊运动非常激进，许多赞助者放弃这一组织，据 S. 戈登堡 . 慈善大佬们向右翼哈特兰学会丢弃智能炮弹者广告宣传牌 [N]. 卫报，2012，bitly.com/heartland–exodus。

13. 2003 年，这一备忘录遭到泄露。可参见 O. 克曼 . 备忘录暴露了布什政府的绿色新战略 [N]. 卫报，2003，bitly.com/bush–strategy。

14. 英霍夫 . 最大的骗局 [M]. WND 出版社。有关纳粹的评论出自塔尔萨世界报对他的一次采访。在评论中，他将推进减少碳排放与第三帝国德国的做法作比较，可点击 bitly.com/inhofe–interview。他在油气公司的收入数据来自公开秘密数据库，并涉及他 1989 年以来的职业，bitly.com/inhofe–funds。

15. 肖恩 · 汉尼提引用自这一视频，bitly.com/hannity–video。格

林 · 贝克 . 全球变暖不容忽视之真相 [N]. 福克斯新闻，bitly.com/beck-foxnews。

16. C. 梅雷迪思. 气候变化是自然之事的 100 个理由 [N]. 每日快报，2012，bitly.com/climate-natural。
17. 美国科学家关注联盟：《有科学吗？不在新闻集团》，2012，bitly.com/climate-science。
18. 2012 年 7 月，CCR 集团实施的研究在《太阳报》《纽约时报》《每日电讯报》《每日邮报》和《每日镜报》均有报道。可参见《CC 组发现国家媒体反可再生能源 & 忽视行业之声》，bitly.com/media-anti。这项调查与另一项公益研究中心 2009 年发起的调查相一致，总结在 D. 克拉克 . 英国新闻报道为什么被曲解成反对可再生能源 [N]. 卫报，2012，bitly.com/media-renewables。
19. G. 蒙博 . 英国《疯狂汽车秀》上的电车显示石油倾倒的 BBC 标准 [N]. 卫报，2011，bitly.com/monbiot-topgear。
20. E. 立顿，C. 克劳斯 . 化石燃料行业广告主导电视广告宣传活动 [N]. 纽约时报，2012，bitly.com/climate-ads。
21. 后来，多种探索摒除了一些非科学行为。最深入的是，《独立的气候变化邮件审查之报告》，2010，cce-review.org。
22. 《伦敦国王学院：全球顾问之疑问》，易普索莫里，2010，bitly.com/ipsos-questions。
23. 《奥巴马国外比国内更受欢迎，美国形象继续受益》，皮尤研究中心，2010，bitly.com/pew-climate。

24. 《气候威胁之个人认知大调查》，易普索莫里，2010，bitly.com/axa-perceptions。

25. 尽管美国近期的遭遇表明了，极端天气事件确实会放大气候变化的表象，但它绝不意味着这些影响会如预期的那样发生。正如气候交流专家乔治·马歇尔曾提道："有时这样的事件可能会产生难以预料的影响——例如，强大而引人注目的生存故事，会比更无力、更复杂的气候变化故事更鼓舞人心。"乔治·马歇尔：《飓风桑迪会增加人们对气候变化的担心吗》，谈论气候网站，2012，bitly.com/weather-response。

26. J. 艾尔柏林，P. 克雷吉 . 民意调查显示：全球变暖不再是美国人的顶级环境问题 [N]. 华盛顿邮报，2012，bitly.com/cliamte-survey。

27. F. 纽波特：《美国人赞同能源多元化及环境建议》，盖洛普政治调查，2012，bitly.com/newport-gallup。

28. 莱丝洛威茨等：《美国人眼中的极端天气及气候变化》，耶鲁大学气候变化交流项目，2012，bitly.com/leiserowitz-2012。

29. 这篇封面文章由 P. 巴雷特撰写 . 这是全球变暖，傻瓜 [J]. 彭博商业周刊，2012，bitly.com/warming-stupid。这个封面在谷歌图片里很容易找到。

30. 2001 年，斯坦福大学教授菲利普·津巴多进行了这项电视试验。据大学新闻通讯稿称，被试者"待在房间内平均 13 分钟无所事事，尽管浓烟滚滚和警报频响”，bitly.com/zimbardo-smoke。

31. D. 卡亨. 我们在气候变化问题上何以分居两个极端 [J]. 自然，2012，bitly.com/kahan-nature。
32. 这一趋势——他们称之为“启发式可用性”——详细记载在 D. 卡尼曼的书中。D. 卡尼曼 . 思考之快与慢 [M]. 企鹅出版社，2012。
33. “消费主义的铁笼子”是提姆·杰克森引用了马克斯·韦伯的《在新教伦理与资本主义精神影响下，铁笼子官僚主义》中的内容，此书 1930 年被翻译成英语。提姆·杰克森 . 谁说经济一定要增长 [M]. 地球瞭望出版社，2009。
34. 《视我为魔鬼》，公众利益研究中心，2011，bitly.com/pirc-think。这篇有趣的报道涉及大量有关广告、消费和价值观问题研究的链接。广告促进总体消费缺乏学术证据，我们试图将一个国家在广告上的开销与国民的碳足迹联系起来，两者都存在公众质疑。策划广告花掉 1% 的 GDP（来源：基于世界广告中心的“精神层面”，世界广告趋势，2002），相对于每个国家的总碳足迹，包括进口产品。G. 彼得斯等 . 2008~2009 年全球经济危机后，二氧化碳排放之快速增长 [J]. 自然气候变化，2012，bitly.com/peters-2012。世界经合组织的国家之间没有关联，欧洲国家间存在负面的相关性——尽管不是很明显的关系。
35. 引用公众利益研究中心报告 . 我们无法逃离营销业的伦理争论

[J]. 市场领导者，2010。

36. 收入不均衡数据，来源：精神层面资料组——利用联合国开发计划署的人类发展报告 2003、2004、2005、2006 年的平均数。碳足迹数据，来源：G. 彼得斯等 . 2008~2009 年全球经济危机后，二氧化碳排放之快速增长 [J]. 自然气候变化，2012，bitly.com/peters-2012。我们在两者之间没有发现有意义的联系。世界经合组织的国家间有一定的关联，但不是很明显。而且，只有当欧洲国家更具有可比性时，相反的方向才存在更强的趋势。

37. M. 拉瓦雷等 . 碳排放与收入不均衡 [J]. 牛津经济论文集，2000，bitly.com/ravallion-2000。这项研究指出，高度的经济平等和高度的碳足迹存在一种积极的相关性。该研究没有考虑进口产品的数据，因此这一发现具有一定的局限性，但是这篇论文确实对这一想法产生了影响，即减少不平等实际上会减少碳足迹。

38. 这项声明引用了威尔金森等人书中的数据。威尔金森等 . 平等、可持续性和生活质量 [J]. 英国医学杂志，2010，bitly.com/wilkinson-2010。

【第十一章：共享带来的问题】

1. G. 哈丁 . 平民百姓的悲剧 [J]. 科学，1968，bitly.com/tragedy-commons。

2. C. 古德尔 . 人类智力发展以实现环境自我满足，碳评论网站，2009，bitly.com/cc-brain。
3. 奥利弗 · 蒂克尔在《京都议定书》第二承诺框架及其书中，提到了一个早期主张——以这种方式限制碳排放逆流而上。更多信息可点击 kyoto2.org。
4. SAFE 指的是，封存足够开采的碳，这一想法由 M. 艾伦提出。M.艾伦 . 碳封存案例 [J]. 自然地球科学，2009，bitly.com/safecarbon。
5. S. 格林菲尔德 . 身份：21 世纪身份的追求 [M]. 赛普特出版社，2008。

【第十二章：配角阵容】

1. 图 12-1 后的数据如下：

世界温室气体排放（时间框架为 1 世纪）

气体分类	十亿吨二氧化碳当量 / 年	
化石燃料形成的二氧化碳	**31874**	**65.9%**
煤炭	14343	29.7%
石油	11156	23.1%
天然气	6375	13.2%
森林砍伐形成的二氧化碳	**3190**	**6.6%**
食物	1914	4.0%
木材	1276	2.6%

续表

水泥生产形成的二氧化碳	**1639**	**3.4%**
甲烷	**6875**	**14.2%**
化石燃料燃烧	2530	5.2%
肠排放	1891	3.9%
肥料	213	0.4%
水稻种植	701	1.5%
燃烧	413	0.9%
废物处理	1134	2.3%
其他	7	0.0%
氧化亚氮	**3159**	**6.5%**
化石燃料	272	0.6 %
化工生产	373	0.8%
肥料	1482	3.1 %
间接来自农业的	265	0.5%
燃烧	423	0.9%
废物处理	111	0.2%
间接来自非农业的	212	0.4%
氟气体	**904**	**1.9%**
航空附加影响	**698**	**1.4%**
合计	**48339**	

来源：化石燃料，水泥和其他行业以及土地利用变化二氧化碳排放数据，来自 T. 博登等：《全球、地区和国家化石燃料二氧化碳排放》和 R. 休斯顿：《土地利用变更导致的大气中碳通量：1850~2005》（两者均来自二氧化碳情报分析中心，

2010），以及彼得斯等.2008~2009年全球金融危机后，二氧化碳排放之快速增长》[J]. 自然气候变化，2012。

化石燃料排放分离来自国际能源署，描述的是2011年的概况。来源：国际能源署，2012，bitly.com/iea-co2-increase。其他气体的总量和分量来自欧盟委员会的全球大气研究排放数据库，bitly.com/edgar-research。森林砍伐驱动者的归因难以量化。据分析，我们已经将其划分为：木材采伐40%，农业60%，bitly.com/mongabay-forest。这与世界自然基金的估计一致，即58%的森林砍伐归于商业化农业。奥德斯利等：《我们能低到多少？英国食物系统的温室气体排放评估到2050年减少的范围》，食物气候研究网络/世界自然基金，2009，bitly.com/wwf-how-low。

2. T. 邦德等.限制气候系统黑炭作用：一项科学评估[J]. 地球物理学研究杂志：大气，2013，bitly.com/soot-paper。该研究发现，从目前大气的气候强迫性来说，黑炭是第二大人类排放气体。
3. 甲烷的总体影响是长远的，甲烷会分解成二氧化碳。然而，相比强烈的短期影响，这种长期的影响微乎其微。
4. 英国气象局，D. 克拉克.何谓全球变暗[N]. 卫报，2012，bitly.com/global-dimming。其深入浅出地概述了全球变暗的科学研究与不确定性。

5. 最近一篇文章规划了温度升高时间，其依据是政府间气候变化专门委员会排放情景。按照最贴近现实的情景，90% 以上规划了 50 年内温升 2 摄氏度，温升 3 摄氏度危险大。来源：乔希等 . 温度变化超出工业前期水平 2 摄氏度之规划 [J]. 自然气候变化，2011，bitly.com/when-2c。
6. 《黑炭与对流层臭氧的综合评估：供决策之概述》，联合国环境规划署和世界气象组织，2011，bitly.com/black-carbon。
7. J. 布莱克斯托克、M. 艾伦：《短期气候污染物的科学和政策研究》，牛津大学马丁学院，2012，bitly.com/slcp-effect。
8. 这一程序正在由诺瓦西姆开发，bitly.com/novacem。
9. A. 麦金托什、L. 华莱士：《到 2025 年国际航空排放：在没有限制的情况下，排放可以稳定住吗？》，能源政策，2009，bitly.com/flying-demand。工业估计预测，未来 20 年，客运周转量将每年以平均 5% 的速度上升，货运量同期增长 6%。这些预测相当于 2006~2026 年间，客运周转量增长 180%，货运量增长 220%。
10. A. 霍夫 . 英国工程师们创造奇迹般的“大气中的石油”技术 [N]. 每日邮报，2012，bitly.com/air-fuel。
11. D. 克拉克 . 信息化空中交通管制会节省碳、时间和金钱吗？[N]. 卫报，2011，bitly.com/aviation-traffic。
12. 关于物理限制的概述，可参见大卫 · 麦凯《可持续能源：没有热气》，UIT（国际电信联盟），2008。

13. 民航局以6500名乘客为调查对象，由小世界咨询公司建模，技术上得到英国胜赛斯大卫·帕金森的协助。所有的调查对象均是大曼彻斯特或者西萨塞克斯郡的居民，我们认为这两个地方是英国的代表。地图和概述可参见D. 克拉克 . 英国假日航班的碳足迹——相互影响 [N]. 卫报，2012，bitly.com/air-travel-carbon。

【第十三章：粮食、森林和燃料】

1. 2009年，世界上营养不良人口为9.63亿，当时世界总人口为60.76亿。来源：尼尔文等：《环境带来的粮食危机：环境对避免未来粮食危机的作用》，环境规划署 / 全球研究信息数据，2009， bitly.com/unep-food-crisis。
2. 引用自哥本哈根大学宏观生态学、演化和气候研究中心主任卡斯滕·拉贝克教授的研究，可点击bitly.com/biodiversity-crisis。拉贝克认为，因为人类活动，地球正陷于第六次大灭绝的阵痛中，这一观点得到科学界广泛推崇。可参见千年生态评估：《生态系统与人类福祉：生物多样性综合体》，联合国环境规划署，2005，bitly.com/unep-biodiversity，以及巴诺斯基等 . 地球的第六次大灭绝已经来临了吗？ [J].自然，2011， bitly.com/sixth-me。后者以数学的方式来表达生物的多样性，将其与第五次大灭绝做比较，并承认存在重重困难，因为化石记录和其他数据不完整。它得出结论，当前危机在规模上、速度上与前五次完全不一样，很高的灭绝率令人担心，应该快速行动。

3. 森林砍伐是土地利用变更造成碳排放的主要原因，为了我们的目的，这两者或多或少是互相交替的。

4. 近期一篇文章指出，到2008年，森林砍伐造成二氧化碳总排放的12%，泥炭地包括在内的话将达到15%。自从考虑到化石燃料使用的持续上升，这些比例很可能已经降低。来源：G.冯·德·沃夫等.森林减少带来的二氧化碳排放[J].自然地球科学，2009，bitly.com/van-der-werf。

5. 数字1300万公顷出自联合国粮食和农业组织，bitly.com/fao-forest-assess。

6. 联合国环境规划署报告称，由于部分产品生产需要饲料、牧场和有机废物等其他资源，平均3千克谷物可以生产1千克的肉类……因此，肉类需求增长导致水、农作物和牧场面积增长加快。尼尔文等：《环境带来的粮食危机：环境对避免未来粮食危机的作用》，环境规划署/全球研究信息数据，2009，bitly.com/unep-food-crisis。

7. 亚马孙被森林覆盖70%的土地，现在是牲畜牧场，剩下的大部分用作饲养动物。斯坦菲尔德等：《牲畜的长长影子》，联合国粮农组织，2006，bitly.com/long-shadow。

8. P.麦克马洪：《大鱼吃小鱼》，Profile Book，2013。

9. 《国际经济合作与发展组织——联合国粮农组织农业展望

2012~2021》，bitly.com/oecd-outlook。

10. 近期的巴西官方统计数据，可点击 bitly.com/brazil-stats。有关2004 年以来变化的概述，可参见 A. 沃恩 . 亚马孙森林砍伐又在下降 [N]. 卫报，2012，bitly.com/am-def。一篇针对巴西快速反应小组工作的评论文章，很引人注目，参见 J. 瓦特 . 巴西的亚马孙游骑者们与农民间的斗争之燃烧业务逻辑 [N]. 卫报，2012, bitly.com/amazon-rangers。
11. M. 伯纳斯 · 李 . 香蕉是多么糟糕？一切事物的碳足迹 [M]. Profile Books，2010。通阅这本书，有相当多内容是关于食品的碳足迹，以及对消费者的建议。
12. 除了大米以外，其他所有的估计均出自克兰菲尔德大学威廉姆斯等人的两项研究，他们是受英国农业和农村事务部委托开展研究的。牛肉、羊肉、鸡肉和马铃薯的数据出自《根据供应链的多样性，采购用于英国消费的食物商品之生命周期比较评估》，2008， bitly.com/defra-2008；猪肉、鸡蛋和小麦粉数据出自《限定农业和园艺商品生产的环境负担和资源使用》，2006，bitly.com/defra-2006。大米数据来源：Kasmaprapruet 等 . 糙米生产的生命周期评估：泰国案例研究 [J]. 欧洲科学研究杂志，2009。这些及其他更多食品导致的排放因素，在小世界咨询公司展位超市工作中得到验证。来源：《展位温室气候足迹报告 2012》，bitly.com/booths-report。
13. 《气候变化 2007 综合报告》，政府间气候变化专门委员会，

2007， bitly.com/ipcc-food。

14. 罗贝尔等 . 气候变化趋势与 1980 年以来全球农作物生产 [J]. 科学，2011，bitly.com/climate-crops。
15. 1960~2030 年间，热应力对法国玉米产量影响在不断增加 [J]. 全球变化生物学，2012。该项研究结论是：“为了抵消法国的预计日最高气温上升，需要改进技术用来增加 12% 的基本产量，从而维持现在产量水平以满足 2016~2035 年间的需要，目前产量技术提升率不足以满足这个目标。”
16. W. 张等 . 鱼类萎缩加剧全球海洋变化对海洋生态系统的影响 [J]. 自然气候变化，2012，bitly.com/shrinking-fish。
17. 汉森等 . 气候变化的公众认知与新的气候筹码 [J]. 美国国家科学院刊，2012, bitly.com/hansen-2012。详见第二章节。
18. 图 13-2 的数据出自英国生物质能源中心，而右列的数字是我们根据化石柴油 10.4 千瓦时 / 公升添加的。
19. 《经济合作发展组织——世界粮农组织农业展望 2012》，bitly.com/oecd-outlook。
20. 每公升生物柴油，产生电能 9.2 千瓦时，产生热量为 7823 千卡。
21. J. 伦德奎斯特等：《节约用水：从田间到餐桌——控制食物链的损失和浪费》，斯德哥尔摩国际水资源研究院政策简报，2008，bitly.com/field-to-fork。他们的数据则援引了 V. 斯米尔：《养活世界：21 世纪面临的挑战》，麻省理工学院出版社，2001。他们反复核对了这些来源不同的数据。

22. 根据世界银行数据做出的保守计算显示，全球小麦产量大约为 2000~7000 千克 / 公顷。来源：bitly.com/cereal-yield。我们假设热值 3400 千卡 / 千克，每人每天仅需要 2000 多卡。

23. 安西尤等:《土地权利与圈地热》，国际土地联盟，2001，bitly.com/rush-for-land。

24. 《经济合作与发展组织——世界粮农组织农业展望 2012》，bitly.com/oecd-outlook。

【第十四章：醒来吧】

1. 参见约翰 · 柏尼尔在国际能源署的讲话：《商业面对气候变化洋洋得意》，RTCC.org，2013，bitly.com/4c-ok。

2. S. 戈登堡 . 大揭秘：奥巴马选择沉默应对气候变化的那天 [N]. 卫报，2012，bitly.com/obama-silent。（数据见第 306 页。）

3. 例如，演讲称：“我们必须永远按照尊严与秩序之路开展斗争。我们一定不能让我们有创造性的抗议方式降格成为激烈的暴力行为。”全文可点击 bitly.com/dream-speech 在线阅读。

4. “力所不能及的问题”是变化策略专家汤姆 · 克朗普顿使用的词语，他用来描述包括气候变化、全球贫穷和生态多样性损失等一类问题，该类问题与一般问题完全不同，这些关系个人直接自身利益的一般问题可以通过投资精力和资源来帮助解决。《共同事业组织：一个关于文化价值的案例》，世界野生动物

数据资料：

燃料	净热值（兆焦耳 / 千克）	年度产量 / 公顷（吨）	年度能源产量（吉焦耳 / 公顷）	年度能源产量（兆瓦小时 / 公顷）	同等柴油（公升 / 天 / 公顷）
木材（林木废弃物、挡土材、刨花等，30% 甲基纤维素）	3	2.9（2 odt）	37	10.3	2.7
木材（SRC 柳树；30% 甲基纤维素）	13	12.9（9 odt）	167	46	12.2
芒草（25% 甲基纤维素）	13	17.3（13 odt）	225	63	16.5
麦秸（20% 甲基纤维素）	13.5	3.5（2.8 odt）	47	13	3.4
从菜籽油中提炼的生物柴油	37	1.1	41	11.3	3
从甜菜中提炼的生物乙醇	27	4.4	119	33	8.7
从小麦中提炼的生物乙醇	27	2.3	62	17	4.5
来自牛粪中的沼气（60% 甲烷）	30	0.88	26	7.3	1.9
来自甜菜中的沼气（60% 甲烷）	30	5.3	159	44	11.6

基金，2010，wwf.org.uk/change。

5. L. 埃文斯等 . 利己主义与环境友好型行为 [J]. 自然气候变化，2012，bitly.com/evans-paper。另一项有趣实验表明，购买绿色环保产品，却不在乎潜在的问题，是一种更自私的行为。这是所谓的“纵容效应”，研究者发现，当消费者购买了环保商品之后，他们将建立起一种道德凭据，从而纵容接下来不好的行为。N. 马萨尔，C. 钟 . 购买绿色环保产品会让我们变成好人吗？[J]. 心理科学，2010，bitly.com/ethicalrebound。
6. 备受争议的政客托尼 · 阿博特最近称：“我说的‘我领导下的政府将不征收碳税’，这是真话。”来源：O. 米尔曼 . 澳大利亚政治在应对气候变化问题上保持冷静——即使气温上升时 [N]. 卫报，2013，bitly.com/australia-politics。
7. 娜欧蜜 · 克莱恩的《休克主义》生动地描绘了休克在产生快速变化过程中的作用，可读性强。该书一开始记述了自由市场主义学者米尔顿 · 弗里德曼 93 岁时，抓住“卡特里娜”飓风的余波，发动“蓄谋已久”的计划以废除国家教育。虽然克莱恩利用混乱让人不寒而栗，但她的一些见解可能有积极的一面。

【第十五章：给碳排放封顶】

1. 迈克尔 · 雅各布斯极力主张这一想法。可参阅迈克尔 · 雅各布

斯 . 气候政策：2015 年之期限 [J]. 自然，2012，bitly.com/mj-deadline。

2. J. 亨：《西雅图市长号召全市从化石燃料行业撤资》，350.org，2012，bitly.com/seattle-fuels。

3. 有关碳足迹产品挑战的概述，可参见 M. 伯纳斯·李. 香蕉是多么糟糕？一切事物的碳足迹 [M]. Profile Books，2010。

4. S. 巴雷特 . 重新思考气候变化治理及其与世界贸易系统之关系 [J]. 世界经济，2011，bitly.com/trade-climate。

5. 有关问题概述可参见 P. 赫尔姆斯等 . 边境碳调整与保护主义的可能性 [J]. 气候政策，2011，bitly.com/holmes-2011。

6. J. 阿尔迪等：《气候变化：全球集体行动议程》《气候变化政策的时间安排》，全球气候变化皮尤中心，2001。

7. C. 尼特尔：《能源政策效率缺口：有过支持汽油税的吗？》，美国国家经济研究局工作报告，2013，bitly.com/gas-taxes。该项研究发现，轮询证据（20 世纪 70 年代以来）表明，消费者宁愿实行价格控制、定量配给和汽车税，而非高昂的汽油税。

【第十六章：尽力推动正确的技术】

1. 福岛核事故对人类确切的影响有待进一步的研究和商榷。其中一项最深入的研究估计，因辐射造成的死亡人数空前，预计额外有130人患癌症而死，合理范围在15~1100人左右。J.腾霍夫，M.雅各布森.福岛第一核电站事故对全球卫生影响[J].能源和环境科学，2012。核支持者指出，相比于数以万计的人死于海啸来说，这一数据则是相当小的——尽管事实是发电厂已经老化，设计糟糕，地处断层线，并遭受灾难性的电力损失。然而，不是所有人都能接受这些数字，在努力疏散周边地区居民的过程中，又有报道称数百人死于非辐射。

2. 单位为1千瓦时。赛兹韦尔B核电站数据是2011年的，来源：法国电力公司，bitly.com/sizewell。太阳能数据按照4千瓦装置，每天平均发电12千瓦时和2千瓦装置每天6千瓦时计算来的。来源：大卫·麦凯：《可持续能源：没有热气》，bitly.com/mackay-solar。
3. 国际能源署：《世界能源展望2011》，专栏6.4：450场景更少的核能影响。
4. 这是《卫报》对邓肯-克拉克的电话采访。原文如下："我认为，倘若你已经认真审视制定所有计划的方式，你会得出这样的结论：你几乎需要一切，而且迫切需要——就是现在。你需要所有可靠的能够大规模发展的技术。我们不确定哪项技术最终成本最低，因此这就是保持广泛组合投资的原因。我认为，没有一位严谨的人会说我们仅需要核能——他们会说我们需要许多核能但我们也需要其他技术。但同样的，我也认为，如果说我们仅能得到可再生能源，也是不现实的，如果你试图这样做，成本会非常高昂，而且会受到大量的强烈抵制，这种抵制针对许多形式的可再生能源，比如风电场。因此，我认为，理智的做法就是采取混合投资。”

5. 500 年的数据基于当前的电力消费量。这数据是由快堆的提倡者汤姆·布利斯做出的估计，得到英国能源和气候变化部门首席科学家大卫·麦凯的肯定。受到争议的反应堆是通用电气日立棱镜。可参见 D. 克拉克 . 新一代核反应堆可以将放射性废物变为燃烧的燃料 [N]. 卫报，2012， bitly.com/fast-nuclear。

【第十七章：应对土地和烟尘】

1. 《黑炭和对流层臭氧综合评估：供决策之概述》，联合国环境规划署和世界气象组织，2011，bitly.com/black-carbon。
2. 格兰瑟姆研究所，D. 克拉克 . 何谓减少发展中国家毁林碳排放？它有助于解决气候变化问题？ [N]. 卫报，2012， bitly.com/redd-faq。
3. 任何人都可通过 bitly.com/yasuni-fund 捐助该计划，该项目最近一项校正可参见 J. 比达尔 . 石油能拯救热带雨林吗？[J]. 观察者，2013，bitly.com/oil-rainforest。生物多样化 / 公顷数据来源：J. 瓦茨 . 世界保护愿望寄托于厄瓜多尔叶苏尼改革模型 [N]. 卫报，2012， bitly.com/yasuni-model。
4. 点击 coolearth.org 网站了解更多信息，也可捐款。

5. 最近有一篇研究这一概念的文章，作者这样写道：可持续集约化词语中的两个词同等重要。集约化，通过减少土地和其他资源压力，以巩固可持续性。同样，在人口增长的背景下，食品生产必须从根本上保持可持续性，前提是将来还要继续用它来养活人。T. 加内特、C. 戈德弗雷：《农业的可持续集约化：以食物体系优先权之竞争来操纵过程》，食品气候研究网络与牛津大学马丁未来食品计划，2012，bitly.com/sustainable-intensification。
6. 曼彻斯特大学可持续消费研究所发布了一项报告，称在他们研究饮食“实验室排”情况时，公众不反对工厂生产肉类替代品的观念。参见 A. 鲍斯等：《何为烹饪？英国食品系统的适应力与缓解力》，科学引文索引，2012，bitly.com/sci-cooking。

【第十八章：制定 B 计划】

1. N. 麦克拉沙恩等：《负排放技术》，格兰瑟姆研究所气候变化第八期简报，2012，bitly.com/negative-carbon。
2. V. 斯梅塔茨克等 . 南冰洋富含铁的硅藻水华导致深度碳出口 [J]. 自然，2012，bitly.com/iron-sea。
3. 这是斯坦福大学华盛顿卡内基研究所肯 · 卡尔戴拉的推测。转引自 M. 马歇尔 . 含铁的地球工程可能会起作用 [J]. 新科学人，2012，bitly.com/iron-might-work。

4. 哈佛大学工程与公共政策教授大卫 · 基思发表的这一评论，转引自 M. 斯柏特 . 气候稳定器 [J]. 纽约客，2012，bitly.com/climate-fixers。

读者回函表

Readers

WIPUB BOOKS

姓名：______ 性别：____ 年龄：____ 职业：______ 教育程度：______

邮寄地址：________________ 邮编：______

E-mail：__________ 电话：__________

您所购买的书籍名称：《燃烧的问题》

您对本书的评价：

书名：□满意 □一般 □不满意 | 故事情节：□满意 □一般 □不满意

翻译：□满意 □一般 □不满意 | 书籍设计：□满意 □一般 □不满意

纸张：□满意 □一般 □不满意 | 印刷质量：□满意 □一般 □不满意

价格：□便宜 □正好 □贵了 | 整体感觉：□满意 □一般 □不满意

您的阅读渠道（多选）：□书店 □网上书店 □图书馆借阅 □超市／便利店 □朋友借阅 □找电子版 □其他 ______

您是如何得知一本新书的呢（多选）：□别人介绍 □逛书店偶然看到 □网络信息 □杂志与报纸新闻 □广播节目 □电视节目 □其他 ______

购买新书时您会注意以下哪些地方？

□封面设计 □书名 □出版社 □封面、封底文字 □腰封文字 □前言后记 □名家推荐 □目录

您喜欢的书籍类型：

□文学－奇幻小说 □文学－侦探／推理小说 □文学－情感小说 □文学－散文随笔 □文学－历史小说 □文学－青春励志小说 □文学－传记 □经管 □艺术 □旅游 □历史 □军事 □教育／心理 □成功／励志 □生活 □科技 □其他______

请列出 3 本您最近想买的书：______、______、______

请您提出宝贵建议：______________________

★感谢您购买本书，请将本表填好后，扫描或拍照后发电子邮件至 wipub_sh@126.com，您的意见对我们很珍贵。祝您阅读愉快！

图书翻译者征集

为进一步提高我们引进版图书的译文质量，也为翻译爱好者搭建一个展示自己的舞台，现面向全国诚征外文书籍的翻译者。如果您对此感兴趣，也具备翻译外文书籍的能力，就请赶快联系我们吧！

您是否有过图书翻译的经验：□有（译作举例：____________________）
□没有

您擅长的语种：□英语 □法语 □日语 □德语
□韩语 □西班牙语 □其他________________

您希望翻译的书籍类型：□文学 □生活 □心理 □其他__________

请将上述问题填写好、扫描或拍照后，发电子邮件至 wipub_sh@126.com，同时请将您的译者应征简历添加至邮件附件，简历中请着重说明您的外语水平等。

期待您的参与！

上海万墨轩图书有限公司